セルロースナノファイバー製造・利用の最新動向

Trends in the Production and Application of Cellulose Nanofibers

監修：宇山　浩
Supervisor：Hiroshi Uyama

シーエムシー出版

巻頭言

　プラスチックをはじめとする高分子材料の大部分は石油から製造されているが，低炭素化社会・循環型社会構築に向けてバイオマス資源の活用が強く望まれている。バイオマスの有効利用技術は，国連が提唱する Sustainable Development Goals（SDGs）における17の目標のうち，「目標9 産業と技術革新の基盤をつくろう レジリエントなインフラを整備し，包摂的で持続可能な産業化を推進するとともに，イノベーションの拡大を図る」と「目標12 つくる責任 つかう責任」に関連する重要なものである。また，バイオマスを積極的に活用することは「目標3 すべての人に健康と福祉を あらゆる年齢のすべての人々の健康的な生活を確保し，福祉を推進する」，「目標7 エネルギーをみんなにそしてクリーンに」，「目標13 気候変動に具体的な対策を気候変動とその影響に立ち向かうため，緊急対策を取る」の実現に大きく貢献する。これに先立ちわが国では平成14年に日本政府の総合戦略「バイオマスニッポン」が発表されて以来，セルロースをはじめとするバイオマスの利活用による持続的に発展可能な社会の実現に向けた政策が立案され，実施されてきた。この戦略「バイオマスニッポン」はバイオマスの有効利用に基づく地球温暖化防止や循環型社会形成の達成，さらには日本独自のバイオマス利用法の開発による戦略的産業の育成を目指すものである。また，地球規模での環境保護の観点からバイオマス原料は日本のみならず，世界中から入手可能な安価かつ豊富な資源を積極的に利用しなければならない。

　最重要のバイオマス資源であるセルロースは植物界の王者物質であり，天然の植物質の1/3を占める。セルロースはグルコースがグリコシド結合（β-1,4結合）を介して直鎖状に連なった結晶性ポリマーである。セルロースは分子間の強固な水素結合から，汎用溶媒に不溶であり，熱可塑性を示さない。近年，セルロースナノファイバー（CNF）に代表されるナノセルロース材料への関心が高まっている。CNFは軽量（鋼鉄の5分の1）でありながら高強度（鋼鉄の5倍以上）といった特徴から自動車部材，住宅建材，内装材として有望であり，熱による変形が少ない（ガラスの50分の1程度）ことから半導体封止材，プリント基板への応用が想定されている。また，大きい比表面積（250 m^2/g以上）を利用して，フィルター，紙おむつ用消臭シートといった用途があり，ガスバリア性に優れることから，食品包装容器等のバリアフィルムへの応用がある。また，水中で特異な粘性を示すことから化粧品，食品，塗料といった用途が期待され，高い透明性から透明シートへの利用が想定される。

　ナノセルロース材料の代表的な作製法として解繊法，酸加水分解法，TEMPO酸化法，発酵法が上げられる。CNFは幅4～100 nm，長さ5 μm以上の高アスペクト比のファイバーであり，様々な作製方法が報告されている。TEMPO酸化法などにより化学変性が施された数nmサイズのCNFは表面電荷により水中に良好に分散し，高性能増粘剤としての用途が想定される。すで

に事業化され，CNF の機能を活かした製品が上市されている。海外では酸加水分解により製造されるナノクリスタルセルロースに関する研究が活発である。一方，物理的な解繊により製造される CNF は複合材料用途のフィラーとしての期待が高い。自動車部材の軽量化を重要なターゲットとして，CNF 樹脂複合材料の研究開発が産学連携研究により強力に推進されている。樹脂中への CNF の分散制御に向けて，CNF の表面修飾技術や CNF 添加系における成形技術の開発が行われている。このように CNF には直径や表面構造の異なるタイプがあり，用途に応じて使い分けることが必要である。

　本書では，CNF に関する基盤技術として，CNF の製造と評価について 9 つのテーマに分けて執筆をお願いした。セルロースの誘導化・官能基導入による CNF の作製や CNF の発酵合成を方法別にまとめた。利用と応用展開については，複合材料を中心に 10 のテーマを選定し，最先端の研究開発の状況を紹介して頂いた。複合材料に関する章では，樹脂種あるいは CNF の由来に分けて，CNF の特性を活かした複合材料が述べられている。それ以外の応用では CNF に関する国家プロジェクトの現状や CNF を利用した化粧品，コーティング，ハイドロゲル，炭素材料が紹介されている。いずれも，CNF の将来展望を示す内容であり，CNF の実用化加速と普及を肌で感じる内容である。読者の皆様には，CNF の今後の産業利用に向けた潮流を楽しんでいただければ幸甚である。

2019 年 1 月 7 日

大阪大学　宇山　浩

執筆者一覧 (執筆順)

宇山　浩	大阪大学　大学院工学研究科　応用化学専攻　教授
後居　洋介	第一工業製薬㈱　レオクリスタ事業部　開発グループ　課長
野口　裕一	王子ホールディングス㈱　イノベーション推進本部　CNF創造センター　次席研究員
田嶋　宏邦	レンゴー㈱　中央研究所　研究企画部　部長
森川　豊	あいち産業科学技術総合センター　産業技術センター　環境材料室　主任研究員
伊藤　雅子	あいち産業科学技術総合センター　産業技術センター　環境材料室　主任研究員
芝上　基成	(国研)産業技術総合研究所　バイオメディカル研究部門　上級主任研究員
林　雅弘	宮崎大学　農学部　海洋生物環境学科　教授
田島　健次	北海道大学　大学院工学研究院　生物機能高分子部門　准教授
小瀬　亮太	東京農工大学　大学院農学研究院　環境資源物質科学部門　講師
石田　竜弘	徳島大学　大学院医歯薬学研究部　薬物動態制御学分野　教授
松島　得雄	草野作工㈱　企画室　室長
荒木　潤	信州大学　学術研究院　繊維学系, 国際ファイバー工学研究所　准教授
近藤　哲男	九州大学　大学院農学研究院　バイオマテリアルデザイン研究室, 高分子材料学研究室　教授

秀野 晃大	愛媛大学　社会連携推進機構　紙産業イノベーションセンター　講師
野口 徹	信州大学　カーボン科学研究所　応用工学部門　特任教授
仙波 健	(地独)京都市産業技術研究所　高分子系チーム　チームリーダー
藤井 透	AMSEL　代表；同志社大学　複合材料研究センター　名誉教授, 嘱託研究員
大窪 和也	同志社大学　大学院理工学研究科　教授
小武内 清隆	同志社大学　大学院理工学研究科　准教授
遠藤 貴士	(国研)産業技術総合研究所　機能化学研究部門 セルロース材料グループ　研究グループ長
長谷 朝博	兵庫県立工業技術センター　材料・分析技術部 化学材料グループ担当次長
臼杵 有光	京都大学　生存圏研究所　特任教授
小尾 直紀	京都大学　生存圏研究所　ナノセルロース産学官連携マネージャー
鈴木 滋彦	静岡大学　農学部　生物資源科学科　教授
小島 陽一	静岡大学　農学部　生物資源科学科　准教授
寺本 好邦	岐阜大学　応用生物科学部　応用生命科学課程, 生命の鎖統合研究センター（G-CHAIN）　准教授
矢吹 彰広	広島大学　大学院工学研究科　化学工学専攻　教授

目　次

【第1編　製造と評価】

第1章　TEMPO酸化セルロースナノファイバーの開発と応用展開
後居洋介

1　はじめに …………………………… 1	3.1　ネットワーク構造の形成 ………… 3
2　セルロースの新たな利用方法，セルロースナノファイバー ………………… 1	3.2　ネットワーク構造のせん断による破壊と再構築 …………………… 5
2.1　CNFの調製方法 ………………… 1	3.3　皮膜形成能 ………………………… 7
2.2　TEMPO酸化によるCNFの調製 … 2	4　開発状況と応用事例 ………………… 8
3　増粘剤としてのTEMPO酸化CNFの特徴 …………………………………… 3	4.1　水性ゲルインクボールペンのインクとしての実用化 ………………… 9
	5　おわりに ……………………………… 10

第2章　リン酸エステル化法を用いたセルロースナノファイバーの製造とその特性
野口裕一

1　はじめに …………………………… 11	3.5　リン酸基の官能基としての特徴 … 14
2　CNF製造技術 ……………………… 11	4　リン酸化CNFの物性と用途 ……… 14
3　リン酸化CNFの発見とその特長 …… 12	4.1　CNFスラリー（CNF水分散液）… 14
3.1　微細化エネルギーの低減 ………… 12	4.2　透明CNFシート ………………… 15
3.2　環境調和型の原材料利用 ………… 12	4.3　CNFパウダー …………………… 17
3.3　シンプルな製造プロセス ………… 13	4.4　その他複合体 …………………… 18
3.4　セルロースへのダメージを抑制 … 13	5　おわりに ……………………………… 19

第3章　ザンテート化セルロースナノファイバーの開発
田嶋宏邦

1　はじめに …………………………… 21	3.3　粘度特性 …………………………… 26
2　セロファン ………………………… 22	3.4　RCNFの沈降安定性 ……………… 27
3　セロファン製造技術を応用した新しいCNF ………………………………… 22	3.5　分散安定性・乳化安定性 ………… 27
	3.6　熱安定性 …………………………… 28
3.1　XCNFの調製 …………………… 23	4　おわりに ……………………………… 28
3.2　RCNFの調製 …………………… 24	

第4章　高圧ジェットミル処理技術の開発と応用　　森川　豊, 伊藤雅子

1　はじめに ……………………………………… 30
2　セルロースナノ加工品の分類と機械加工 ……………………………………… 31
3　高圧ジェットミルによるセルロースナノファイバー加工と特徴 ………… 32
　3.1　高圧ジェットミル ……………………… 32
　3.2　高圧ジェットミルによるセルロースナノファイバー加工 ……………… 34
　3.3　セルロースナノファイバーの粘度特性および分散安定性の向上について ……………………………………… 35
4　セルロースナノファイバー透明膜および複合膜への応用 ……………… 36
　4.1　セルロースナノファイバー透明膜 … 36
　4.2　透明複合膜 ……………………………… 37
5　セルロースナノファイバーの表面処理およびフィルタへの応用 ……… 38
　5.1　表面処理（撥水化） ………………… 38
　5.2　表面処理（表面電位変化）セルロースナノファイバーを用いた花粉除去フィルタ ……………………………… 39
6　結び ………………………………………… 41

第5章　ミドリムシナノファイバー　　芝上基成, 林　雅弘

1　はじめに ……………………………………… 43
2　素材としてのパラミロン …………………… 44
3　ナノファイバーの開発 ……………………… 45
　3.1　ミドリムシナノファイバー ………… 45
　3.2　化学修飾ミドリムシナノファイバー ……………………………………… 48
4　おわりに ……………………………………… 55

第6章　発酵ナノセルロースの大量生産とその応用
田島健次, 小瀬亮太, 石田竜弘, 松島得雄

1　はじめに ……………………………………… 57
2　バクテリアセルロース（BC） …………… 58
3　酢酸菌におけるセルロース合成 ………… 59
4　発酵ナノセルロース（NFBC）の創製 ……………………………………… 59
5　発酵ナノセルロース（NFBC）の大量生産 ……………………………………… 60
6　NFBCにおける医療応用の試み ………… 63
7　まとめ ……………………………………… 65

第7章　セルロースナノクリスタル　　荒木　潤

1　はじめに ……………………………………… 67
2　CNC/ChNCとは …………………………… 68
3　コロイド分散系のメカニズム …………… 70
4　CNCおよびChNCの荷電基導入・制御による静電安定化 ……………………… 70
5　CNCおよびChNCの立体安定化 ……… 72

| 6 | CNC/ChNC の材料応用 …………… 73 | 8 | おわりに ………………………………… 76 |
| 7 | 新規な CNC 乾燥粉末の製造 ………… 75 | | |

第8章　ナタデココナノファイバー　近藤哲男

1	はじめに ………………………………… 80	4.1	医療材料 ………………………… 85
2	マイクロビアルセルロース（＝微生物セルロース）の生合成 ………… 80	4.2	酢酸菌をナノビルダーとして用いたナタデココナノファイバーの配向制御とパターン化セルロース三次元構造体の構築への展開 …………… 86
2.1	セルロース合成酵素複合体 ……… 81	5	水中カウンターコリジョン（ACC）法によるシングルナタデココナノファイバーの創製 …………………… 89
2.2	TC の集合状態とバクテリアセルロースナノファイバー（＝ナタデココナノファイバー）の形状 ……… 83		
3	ナタデココナノファイバー中の結晶構造 ……………………………………… 84	6	おわりに ………………………………… 91
4	セルロースナノファイバーネットワーク体（ペリクル＝ナタデココ）の機能発現 …………………………………… 85		

第9章　ナノセルロースの分析・評価法　秀野晃大

1	はじめに ………………………………… 94	4.2	ナノセルロースの形態 …………… 99
2	ナノセルロースの分類 ………………… 94	4.3	ナノセルロースの結晶性 ……… 101
3	分析項目と測定法 ……………………… 96	4.4	ナノセルロースの組成分析 …… 102
4	個別事例 ………………………………… 98	4.5	ナノセルロースの熱分析 ……… 104
4.1	分光法によるナノセルロースの計測 ……………………………………… 98	4.6	受託分析 ………………………… 106
		5	最後に ………………………………… 106

【第2編　利用と応用展開】

第1章　複合材料

1	セルロースナノファイバーの複合化技術 …………………… **野口　徹** … 109	1.3	TEMPO 酸化ナノセルロースの登場 ………………………………… 112
1.1	はじめに ……………………………… 109		
1.2	ナノフィラーの働き ………………… 109	1.4	弾性混練法による TOCN ゴム複合材料の開発 …………………… 113

- 1.5 CWSolid 法による TOCN 複合材料作製 …………………… 117
- 1.6 おわりに …………………… 120
- 2 セルロースナノファイバー強化プラスチック―セルロースの変性と複合化技術― ……………… **仙波 健** … 122
  - 2.1 セルロース強化プラスチック複合材料―ウッドプラスチックから CNF コンポジットへ― ……………… 122
  - 2.2 熱劣化抑制のための CNF 化学変性 …………………… 122
  - 2.3 プラスチックとの相容性の向上 … 126
  - 2.4 プラスチックとの複合化技術 …… 127
  - 2.5 パルプ直接混練法により作製した変性 CNF 強化プラスチックの特性 … 128
  - 2.6 まとめ …………………… 130
- 3 Cellulose Nano Fiber (CNF) の活用 … **藤井 透, 大窪和也, 小武内清隆** … 131
  - 3.1 CNF とは …………………… 131
  - 3.2 CNF ブーム …………………… 133
  - 3.3 改質材としての CNF …………… 136
  - 3.4 CNF の活用 …………………… 143
- 4 木質からのリグノセルロースナノファイバーの直接的製造と樹脂複合化技術 ……………… **遠藤貴士** … 146
  - 4.1 はじめに …………………… 146
  - 4.2 ナノファイバー製造装置 ……… 147
  - 4.3 ナノファイバー製造メカニズム … 148
  - 4.4 木質からの直接的ナノファイバー製造 …………………… 149
  - 4.5 リグノセルロースナノファイバーの製造効率化 …………………… 150
  - 4.6 ナノファイバーの樹脂複合化技術 …………………… 151
  - 4.7 おわりに …………………… 154
- 5 セルロースナノファイバー強化ゴム材料の開発 ……………… **長谷朝博** … 156
  - 5.1 はじめに …………………… 156
  - 5.2 CNF の作製方法と特徴 ………… 156
  - 5.3 CNF 強化ゴム材料 …………… 157
  - 5.4 CNF 強化スポンジゴム材料 …… 164
  - 5.5 CNF 強化ゴムブレンド材料 …… 167
  - 5.6 おわりに …………………… 167

第2章 その他の利用と応用展開

- 1 セルロースナノファイバーの用途展開の動向―環境省 NCV (Nano Cellulose Vehicle) プロジェクトについて― ……………… **臼杵有光, 小尾直紀** … 169
  - 1.1 はじめに …………………… 169
  - 1.2 NCV プロジェクトの構成 (2017 年度, 2018 年度成果を中心にして) … 169
  - 1.3 CNF に期待すること …………… 174
  - 1.4 今後の展望 …………………… 175
- 2 セルロースナノファイバーを利用した木質材料の開発 ……………… **鈴木滋彦, 小島陽一** … 176
  - 2.1 はじめに …………………… 176
  - 2.2 木質ボード類における CNF の利用技術開発 …………………… 176
  - 2.3 混練型木材プラスチック複合材料における CNF の利用技術開発 …… 184
  - 2.4 総括 …………………… 187

3 セルロースナノファイバーの炭化による新規炭素材料の調製と特性解析
　　　　　　　　　　　　宇山　浩… 188
　3.1　はじめに …………………… 188
　3.2　ナノセルロースを炭素源とする機能性炭素材料 ……………………… 189
　3.3　おわりに …………………… 194
4 セルロースナノファイバーをベースとした高伸縮・温度応答ハイドロゲル
　　　　　　　　　　　　寺本好邦… 196
　4.1　はじめに …………………… 196
　4.2　セルロース系高分子材料の分子レベルでの構造設計と機能化 ………… 196
　4.3　CNFからの高伸縮材料 ……… 197
　4.4　おわりに …………………… 203
5 CNFを用いた自己修復性防食コーティング ……………**矢吹彰広**… 205
　5.1　はじめに …………………… 205
　5.2　金属の腐食と防食コーティング … 205
　5.3　自己修復性防食コーティングの構造 ………………………………… 207
　5.4　コーティングの評価方法 …… 208
　5.5　自己修復性防食コーティングの開発 ………………………………… 209
　5.6　まとめ ……………………… 216

【第1編 製造と評価】

第1章 TEMPO酸化セルロースナノファイバーの開発と応用展開

後居洋介*

　第一工業製薬㈱では，TEMPO酸化セルロースナノファイバー（TOCNF）からなる水系増粘剤「レオクリスタ®」を製造販売している。TOCNFは高い増粘性，優れた乳化・分散安定性，高い擬塑性流動性など，ユニークな特徴を有している。本稿ではこれらの特徴の詳細や，水性ゲルインクボールペンへの実用化などの開発事例について紹介する。

1 はじめに

　セルロースは樹木などの植物の主要構成成分の一つであり，樹種によっては樹高数十mにもおよぶような樹木の強さ，しなやかさを構造材料として支えている。また，地球上で最も多量に生産・蓄積されている再生可能なバイオマス資源でもあり，その年間生産量は1,000億トン以上といわれている[1]。人類は古くからセルロースを木材，繊維，または紙として利用している。セルロースは我々人類にとって非常に身近な素材である。

　第一工業製薬㈱は1960年に日本ではじめての溶媒法によるカルボキシメチルセルロースナトリウム（CMC）の製造設備を竣工するなど，古くからセルロース，およびその誘導体と関わっている。

2 セルロースの新たな利用方法，セルロースナノファイバー

　近年，セルロースの新たな利用方法として，セルロースナノファイバー（CNF）という材料が注目されている。CNFは植物の細胞壁から取り出したセルロース繊維をナノレベルにまで微細化したもので，環境負荷が少ないうえに鉄よりも強くて軽いというような特徴を持つことから，「夢の新素材」とも言われている。

2.1 CNFの調製方法

　CNFは，パルプなどのセルロース原料を水に懸濁させ，解繊処理することで調製される。一般的に解繊処理には石臼型摩砕機，高圧ホモジナイザー，二軸混練機などの機器が用いられることが多く，機械力によって物理的にセルロース繊維間の水素結合を切断しナノファイバー化す

---

　* Yohsuke Goi　第一工業製薬㈱　レオクリスタ事業部　開発グループ　課長

る。このとき、得られる CNF の繊維幅は数十〜数百 nm の範囲となる。

一方で、前述の物理的な解繊処理の前にセルロースを化学変性してイオン性を付与し、イオン性基に起因する斥力によってセルロース繊維をほぐしやすくする手法も用いられている。次に、その手法のひとつである TEMPO 酸化による CNF の調製方法を記載する。

2.2 TEMPO 酸化による CNF の調製

東京大学の教授磯貝のグループは、セルロースを TEMPO（2,2,6,6-テトラメチルピペリジン-1-オキシル）触媒酸化することにより、高効率で CNF を調製する技術を開発した[2]。この TEMPO 触媒酸化反応の特徴としては、

・水系、常温、常圧といった穏やかな反応条件下で酸化反応が可能

・反応の位置選択性が高い

などが挙げられる。

木材パルプなどのセルロースを水に分散させ、触媒である TEMPO、臭化ナトリウム、共酸化剤である次亜塩素酸ナトリウム水溶液を添加することで TEMPO 酸化反応が開始する。酸化反応によってセルロース中の C6 位の 1 級 OH 基がカルボキシ基に変換される。

得られた TEMPO 酸化セルロースには多くのカルボキシ基が導入されているがセルロースの結晶構造は変化していない。これを水に分散し、機械的な解繊処理を施すと、透明で高粘度な TEMPO 酸化セルロースナノファイバー（TOCNF）が得られる。得られた処理液を透過型電子顕微鏡（TEM）で観察すると、処理前には幅数十 μm であったセルロース繊維が幅 3〜4 nm のナノ繊維状となっていることが確認できる（図 1）。

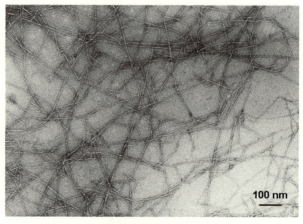

図1　TOCNF の透過型電子顕微鏡写真
（東京大学磯貝教授提供）

3 増粘剤としてのTEMPO酸化CNFの特徴

第一工業製薬㈱では前述の磯貝らの開発したTEMPO酸化によりCNFを製造する技術と，自社のCMCの製造販売などのセルロースの応用技術を組み合わせて，TOCNFを水系増粘・ゲル化剤「レオクリスタ®」として製造販売している（図2）[3,4]。本節では，増粘剤としてのユニークなTOCNFの特徴を紹介する。

図2 TOCNFからなる増粘剤「レオクリスタ®」の外観

3.1 ネットワーク構造の形成

TOCNF水分散物の濃度と降伏値の関係を調べると，濃度0.1%以上で急激に降伏値が増加する。これは，水中で孤立分散しているTOCNFが，濃度0.1%以上ではそれぞれが水素結合を介してゆるやかなネットワーク構造を形成するためであると考えられる[5]。このネットワーク構造により，次のような機能が発現する。

3.1.1 高い増粘性

図3に25℃におけるTOCNF水分散物の濃度と粘度の関係を示す。TOCNF水分散物は，低濃度領域では流動性を示すが，固形分濃度0.5%以上では流動性がなくなりゲル状の外観を呈する。TOCNFはセルロース誘導体であるCMC，メチルセルロース（MC），ヒドロキシエチルセルロース（HEC），および多糖類であるキサンタンガムと比較しても高い粘度を示す。

濃度－粘度曲線のパターンが異なるので一概には比較できないが，合成系増粘剤であるカルボマー（カルボキシビニルポリマー）と同レベルの高い粘度を示す。TOCNFは増粘剤としては，増粘効果が最も高い部類に属する。

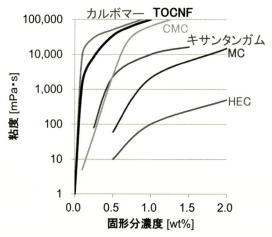

図3 TOCNFおよび各種増粘剤の濃度と粘度の関係

3.1.2 乳化安定性

固形分濃度0.1%のTOCNF水分散物に，スクワラン，オリーブ油，またはシクロペンタシロキサンを系に対して20%加え，ホモミキサーで混合して1日間放置し，乳化状態を観察した（図4）。TOCNFを固形分で0.1%添加することにより界面活性剤を使うことなく安定な乳化物が得られた。先に述べたようにTOCNF水分散物は濃度0.1%以上でネットワーク構造を形成することから，この濃度以上であればネットワーク構造による油滴の安定化が可能であると考えられる。

3.1.3 分散安定性

TOCNF水分散物に酸化チタン，炭酸カルシウムなどの微粒子を全量に対して10%加え，ホモミキサーで分散後1週間放置して分散状態を観察した（図5）。いずれの微粒子についても前述の乳化安定性と同様にTOCNF濃度0.1%以上で分散安定力を発現し，微粒子の沈降を抑制できた。

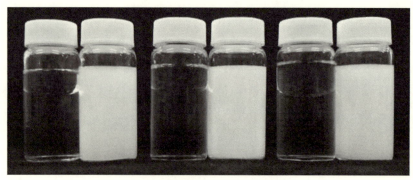

図4 TOCNFによる乳化安定性
（左からスクワラン，オリーブ油，シクロペンタシロキサン，
左側の試料：ブランク，右側の試料：TOCNF配合）

第1章　TEMPO酸化セルロースナノファイバーの開発と応用展開

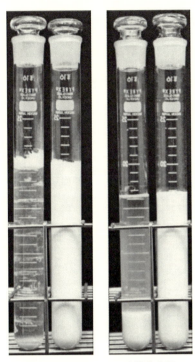

図5　TOCNFによる分散安定性
(左：酸化チタン，右：炭酸カルシウム，左側の試験管：
ブランク，右側の試験管：TOCNF配合)

図6　TOCNFによる金箔の水分散物

　なお，そのような微粒子だけでなく，金箔のようなサイズ，密度ともに大きなものであっても，沈降抑制が可能である（図6）。一般的な増粘剤を用いた場合でもある程度増粘することで沈降抑制は可能であるが，TOCNFの場合には150〜300 mPa・s程度の流動性があるような粘度であっても効果を発現することが特徴である。

3.2　ネットワーク構造のせん断による破壊と再構築
　前述のようにTOCNF水分散物のネットワーク構造は水素結合によるものである。水中での水素結合は比較的結合力が弱いため，せん断力を加えることで容易にネットワーク構造を破壊することができる。その後，静置することでネットワーク構造の再構築が可能であり，せん断によるネットワーク構造の破壊と再構築は可逆的に繰り返すことができる。
　図7にTOCNF水分散物の粘度とせん断速度の関係を示す。せん断を加えていない状態ではネットワーク構造が形成されているので高い粘度を示すが，せん断を加えることでネットワーク構造が破壊され，粘度が低下する。つまり，TOCNF水分散物はせん断速度の増加に伴い粘度が低下する典型的な擬塑性流動（広義の意味でのチクソ性）を示す。
　ほとんどの水溶性高分子は，程度の差こそあれ，擬塑性流動を示すことが知られており，

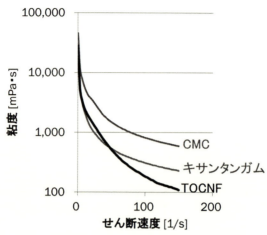

図7 TOCNF水分散物のせん断速度と粘度の関係

CMCに代表される水溶性セルロース誘導体も擬塑性流動を示す[6]。TOCNF水分散物の場合にはその挙動変化が大きいことが特徴である。

3.2.1 スプレー可能でタレないゲル

せん断によるTOCNFのネットワーク構造の破壊と再構築といった特徴，それに起因する高い擬塑性流動により，「スプレー可能でタレないゲル」というようなユニークな剤型を作り出すことができる。0.4％〜0.8％濃度のTOCNF水分散物は透明なゲル状でありながらスプレーノズル中でのせん断によりネットワーク構造が破壊されて粘度が低下し，スプレー噴霧が可能である（図8）。比較のため，擬塑性流動性が高いCMCやキサンタンガムで同様の操作を試みたが，ゲルのスプレーは不可能であった。さらに，スプレー噴霧された後はネットワーク構造が再構築されて粘度が回復するため，液のタレ防止や付着性向上といった効果も期待できる。

図8 TOCNF水分散物のスプレー噴霧写真（固形分濃度0.5％）

3.3 皮膜形成能

TOCNF水分散物は乾燥して水を留去させることで緻密な不織布のような状態となり、セルロース繊維同士が強固に絡み合った皮膜が形成される（図9）。この皮膜は高透明性、高強度といった特徴を有している。しかも、TOCNFはコピー用紙などの紙と同じセルロース由来の素材であるため、折り曲げても割れない、フレキシブルな皮膜を形成することができる。

図9　TOCNF乾燥皮膜の外観

3.3.1 微粒子の乾燥時の凝集抑制

CMCなどの増粘剤（分散安定化剤）とナノジルコニアなどの微粒子水分散物を混合し、乾燥して皮膜を調製すると、白濁した皮膜となる。これは、乾燥段階で微粒子が凝集するためである。一方、TOCNF水分散物と微粒子水分散物を混合し、乾燥すると透明な皮膜が得られる（図10）。

図10　ナノジルコニア乾燥皮膜の外観
（左からCMC/ナノジルコニア、ナノジルコニアのみ、TOCNF/ナノジルコニア）

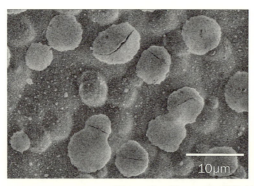 

図11　ナノジルコニア乾燥皮膜表面の走査型電子顕微鏡写真
（左：CMC/ナノジルコニア，右：TOCNF/ナノジルコニア）

TOCNFが存在することで乾燥中の微粒子の凝集が抑制でき，一次粒子の状態を保ったまま乾燥することが可能であるためと考えられる（図11）。

3.3.2　ゲル状皮膜の形成

TOCNF水分散物にブチレングリコール（BG）などのグリコール系溶媒を添加後，乾燥することで，ゲル状皮膜の形成が可能である（図12）。添加するグリコールの量を調整することで，フィルム状からゲル状まで，目的に応じた皮膜が形成可能である。

図12　TOCNF/BG ゲル状皮膜の外観

4　開発状況と応用事例

現在，前述のような機能を生かした用途開発に取り組んでおり，高い擬塑性流動性を生かしたタレ止め剤，分散安定性を生かした顔料，セラミックス，機能性微粒子などのインク，ペースト化など，さまざまな用途，分野での利用が期待されている。

第 1 章　TEMPO 酸化セルロースナノファイバーの開発と応用展開

4.1 水性ゲルインクボールペンのインクとしての実用化

　一般的に，水性ゲルインクボールペンのインクは非筆記時（静置時）には粘度が高く，筆記時には粘度が低下し，筆記後には再び粘度が上昇することが求められている。このための添加剤として増粘剤が用いられているが，増粘剤の添加量が少なすぎると非筆記時のインク漏れや筆記後の描線のにじみが生じ，反対に添加量が多すぎると筆記時の粘度低下が不十分で描線がかすれるといった問題が生じる。三菱鉛筆㈱では，増粘剤としての TOCNF のインクへの配合を検討し，筆記していない時は高粘度だが，筆記速度に応じて適切に粘度が低下するインクが調製可能であることを見出した（図 13）。TOCNF を配合したインクを用いたボールペンは，早書きでもカスれず，ボテにくい「スキップフリー描線」が書けるといった特徴を持つ[7]。本技術は「ユニボールシグノ UMN-307」として商品化され，2015 年 3 月より北米，同 9 月より欧州に拡大と本格展開を開始しており，2016 年 5 月 26 日より日本国内でも販売を開始した（図 14）。ちなみに，本案件は世界初のセルロースナノファイバーの実用化例である[8]。また，このユニボールシグノ

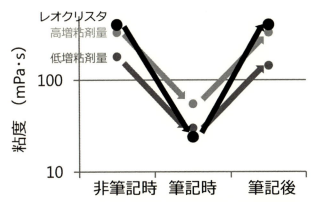

図 13　水性ゲルインクボールペンのインク粘度と筆記特性の関係

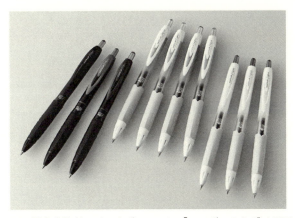

図 14　CNF 配合水性ゲルインクボールペン「ユニボールシグノ UMN-307」

UMN-307は，2016年5月26～27日に開催された伊勢志摩サミットの応援アイテムとして協賛したことでも国内外で注目を集めている[9]。

5 おわりに

TOCNFからなる増粘剤は，環境負荷が低く，再生産可能なセルロースから得られる。増粘剤としての特徴は，セルロース繊維同士のネットワーク構造に起因する高い増粘性，高い乳化・分散安定性，ネットワーク構造のせん断による破壊と再構築に起因する高い擬塑性流動性，皮膜形成能などが挙げられる。

第一工業製薬㈱では，このような特徴を生かした用途開発を進めるとともに，顧客の要望に応じたTOCNFの改良，変性にも取り組んでいる。

文　　献

1) 磯貝明，セルロースの科学，朝倉書店（2003）
2) T. Saito, Y. Nishiyama, J.-L. Putaux, M. Vignon, A. Isogai, *Biomacromolecules*, **7**, 1687-1691（2006）
3) 神野和人，第一工業製薬㈱ 社報 拓人，**565**, 10-13（2013）
4) 三ケ月哲也，第一工業製薬㈱ 社報 拓人，**569**, 16（2014）
5) R. Tanaka, T. Saito, D. Ishii, A. Isogai, *Cellulose*, **21**, 1581-1589（2014）
6) 第一工業製薬㈱，セロゲン，パンフレット
7) 神野和人，竹内容治，成形加工，**28**(8)，319-321（2016）
8) 三菱鉛筆㈱ホームページ：
   http://www.mpuni.co.jp/news/pressrelease/detail/20160302173951.html
9) 三菱鉛筆㈱ホームページ：
   http://www.mpuni.co.jp/news/pressrelease/detail/20160224093934.html

第2章　リン酸エステル化法を用いたセルロースナノファイバーの製造とその特性

野口裕一*

1　はじめに

　セルロースは，地球上に最も豊富に存在する循環型の高分子であり，木質パルプに含まれる形で，工業規模での生産が確立している素材でもある。近年，このセルロースの応用展開として，セルロースナノファイバー（以降，CNF）が注目を集めている。

　CNFは木質の細胞壁中でセルロースが形成する高結晶性繊維であり，幅が3～4 nmでほぼ均一かつアスペクト比が大きい[1]，引張強度が高い[2]，結晶弾性率が高い[3]，熱膨張係数が低い[4]，熱分解温度が高い，比表面積が大きい等，優れた特性を示す。また，CNFの水分散液やシート（フィルム）も，前述したCNFの特性を反映し，有用な特性を示す。

　したがって，CNFは，自動車や航空機部材に用いられる樹脂の補強[5]，有機ELなどディスプレイデバイスのガラス代替[6]，包装材料へのガスバリア性付与[7]，化粧品やコンクリートへの増粘性付与[8]など，様々な分野への適用が期待されている。

　当社は1990年代より現在に至るまでCNFの研究を継続して行い，現在ではリン酸エステル化法により製造したCNF（以降，リン酸化CNF）を軸に開発を進めている。本稿では，リン酸化CNFの開発背景や，その製造法，物性の特長について，既存材料との比較を通して紹介する。

2　CNF製造技術

　CNFは通常，製紙工場にて大量生産可能な木質パルプ（幅20～30 μm，長さ0.5～3 mm）を機械処理することで製造される。しかし，木質パルプ中のCNFは，その間に強固な水素結合を形成しており，単に機械処理するだけでは微細化に大量のエネルギーを要する。さらに，得られるCNFは結晶の最小サイズ（3～4 nm幅）までの微細化が困難である。

　近年の研究で，化学的な前処理により，木質パルプ中のCNFの結晶表面にイオン解離する官能基を導入することで，水の浸透圧効果とイオンの静電反発力が発現し，微細化し易くなること，微細化後の分散安定性が飛躍的に高まることが明らかにされている。代表的な化学前処理としてTEMPO酸化[9]，カルボキシメチル化[10]，カチオン化[11]などが報告されている。

---

*　Yuichi Noguchi　王子ホールディングス㈱　イノベーション推進本部
　　CNF創造センター　次席研究員

3 リン酸化 CNF の発見とその特長

当社では,10数種の化学変性による CNF 製造の検討を進めてきた。その過程で,後述するように,①微細化に必要なエネルギーが少なく,②幅3〜4 nm まで完全ナノ化され,③高い透明性と,高い粘性とを発現する CNF(図1)を製造可能な「リン酸化法」を世界で初めて見出し[12],以降検討を継続している。以下ではリン酸化 CNF の特長を列挙していく。

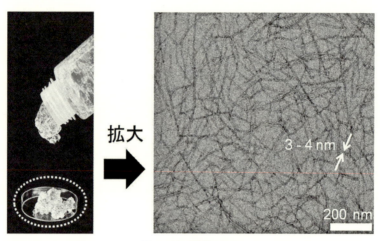

図1 リン酸化 CNF
(左:リン酸化 CNF スラリー 右:透過型電子顕微鏡(TEM)による形態観察)

3.1 微細化エネルギーの低減

前述のように,CNF はパルプ中で強固な水素結合を形成しているが,CNF 表面にイオン解離する官能基を導入することで,微細化が容易になる。これまでに報告されてきたオゾン酸化などの方法は,表面に1価の陰イオンまたは陽イオンを導入する方法であったのに対し,リン酸基は2価の官能基であるため,より大きな浸透圧効果,静電反発力を付与できる(図2)。この効果は,リン酸基の量が増えるほど大きくなるが,これまでに当社は,CNF の表面に存在する水酸基のうち,最大で半量以上にリン酸基を導入することに成功しており,微細化に要するエネルギーを大幅に削減可能であることを確認している。

3.2 環境調和型の原材料利用

リン酸化 CNF の製造に使用する原材料は,木質パルプの他,リン酸またはリン酸塩,尿素である。尿素は,セルロースの膨潤剤として知られており,添加することでリン酸化反応の効率向上を確認している。これら原材料は,いずれも食品や化粧品に使われるものである。リン酸化工程での薬品の反応効率は100%ではないが,パルプと反応しなかった余剰のリンや尿素は,その

第2章　リン酸エステル化法を用いたセルロースナノファイバーの製造とその特性

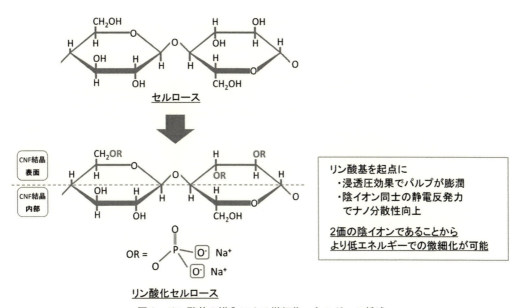

図2　リン酸基の導入による微細化エネルギーの低減

まま製紙会社が保有する水処理設備（活性汚泥）に送り，微生物の栄養源として再利用が可能である。したがって，余分な廃棄物を出さない環境調和型プロセスとなる。

3.3 シンプルな製造プロセス

リン酸化工程は，原材料を加熱するだけのシンプルな製造プロセスである。そのため，製紙工場に隣接させれば，廃熱の有効利用も可能になる。また，リン酸化後のパルプは極めて微細化し易くなることから，ほぼ100%を，3〜4 nm幅のCNFに変換することが可能で，遠心分離による粗大繊維の除去工程などは省略することができる。

3.4 セルロースへのダメージを抑制

リン酸は酸性の化合物であり，また，セルロースは酸に弱い（加水分解を受けやすい）ことから，リン酸化工程では，セルロースの低重合度化が懸念される。しかし，実際にはほとんど重合度には差が生じないことが判明しており，セルロースの結晶形態，結晶化度もリン酸化前の状態を維持している（表1）。酸性化合物を用いるにも関わらず重合度低下しない要因は，尿素がリン酸のプロトン（H^+）放出を抑制するためだと推定している。リン酸をはじめとするオキソ酸

表1　リン酸化前後におけるセルロースの結晶形，結晶化度，粘度平均重合度

パルプ	結晶形	結晶化度（%）	粘度平均重合度
未変性パルプ	セルロースⅠ	88.1	846
リン酸化パルプ	セルロースⅠ	87.5	855

が尿素と結合を作ることは古くから知られており[13,14]，今回の系においても同様の結合が形成され，それが保たれたままリン酸化反応が進行していると推察される。

3.5 リン酸基の官能基としての特徴

リン酸基は，前述したように2価であるだけでなく，他にも特徴を持っており，それがそのままリン酸セルロースの特徴にもなる。例えば，リン酸基の2つの酸性基は，1つが，強酸で，もう片方は弱酸である。弱酸の方は水酸化ナトリウムなどの強塩基で中和された場合は，アルカリ性を示すようになる。したがって，pH 3~11 といった幅広い pH で安定分散できる。その他，pH の緩衝性や，難燃性，イオン交換能なども有する。

4 リン酸化 CNF の物性と用途

4.1 CNF スラリー（CNF 水分散液）

幅 3~4 nm まで完全ナノ化されたリン酸化 CNF の水分散液は，極めて透明であり，さらにその粘性は，既存の天然系増粘剤（例えば，キサンタンガムやグアガム）より 10~100 倍高い（図3）。この高い粘性は，前述の通り，リン酸化の過程ではセルロースの重合度がほとんど変化しないこと，アスペクト比が大きい剛直な結晶であるリン酸化 CNF が，液中でネットワーク構造を形成することなどに起因し，分子レベルで溶解してしまう他の増粘剤と一線を画している。CNF 水分散液は，そのネットワーク構造ゆえに，微粒子や油滴の分散力にも優れる他，せん断力を加えると，急激に粘度が低下する，チキソ性も併せ持っている（図3）。

また，これらの特徴が組み合わさることで，べとつかず，水を纏うような製剤化が可能なこと

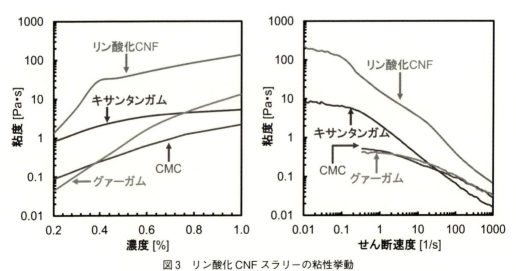

図3 リン酸化 CNF スラリーの粘性挙動
（左：B型粘度計（3 rpm），右：レオメーター（0.4%濃度））

から，化粧品用途への展開を検討している。もちろん，その他の工業製品，家庭用品に対しても，レオロジー改質剤として利用可能である。

上記のようなレオロジー改質特性は，単にセルロースがパルプからサイズダウンしたためだけでなく，リン酸基を合わせ持つことで発現していると考えられる。それゆえ，幅3～4 nm まで完全ナノ化された CNF のみで水分散液を構成せずとも，同様に保水性，粒子の分散安定性に優れた水分散液が得られる。最近，当社ではリン酸基を有する長繊維と超極細繊維とを共存させたグレードも開発しており，この分散液は，3～4 nm の CNF のみで構成された分散液に比べて低粘度であるが，それゆえの扱いやすさもあり，特に，透明性や高い粘性が求められない用途に好適に利用できる。例えば，セメントをはじめとする無機粒子分散液などへの応用が期待できる。

4.2 透明 CNF シート

CNF スラリーを脱水することで CNF 同士が緻密に絡まったシートを形成することが可能で，当社では，電子デバイス用のフィルムや透明な構造部材向けに，上記シートの適用を検討している。当社 CNF シートの外観を図4，代表的な物性値を表2に示した。

光学フィルム並みの透明性は各用途適用への前提条件となるが，当社の CNF シートは PET や TAC フィルム同等の透明性を有しており，また，近紫外領域（200～380 nm）の透過率はこれら2つのフィルムに比べ，高い傾向にある（図5左）。

透明 CNF シートが期待される理由の1つは，図5（右）に示すように，PET フィルムや TAC フィルムに対して高強度，高弾性でありながらも，図4の写真に示したように，直径1 mm シャフトに巻いても破断しない，折り曲げても白化しないという紙が持つしなやかさ（フレ

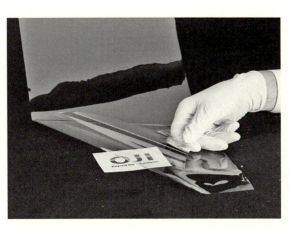
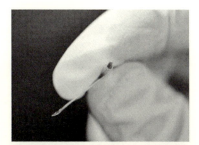

図4　透明 CNF シート

表2 リン酸化CNF透明シートの物性[※1]
（アウロ・ヴェール™ 25μm厚）

全光線透過率 （％）	ヘーズ （％）	引張強度[*1] （MPa）	弾性率 （GPa）
91.4	0.5	150	10
線熱膨張係数 （ppm/℃）	ガラス転移温度 （℃）	熱分解温度 （℃）	フレキシブル性
（60～100℃） 7.2	（200℃以下） 無し	（5％質量減／分解ピーク） 270／320	（φ1mm巻付け） 割れ無し

＊1　ASTM D882準拠
※1　代表的な測定値であり保証値ではありません

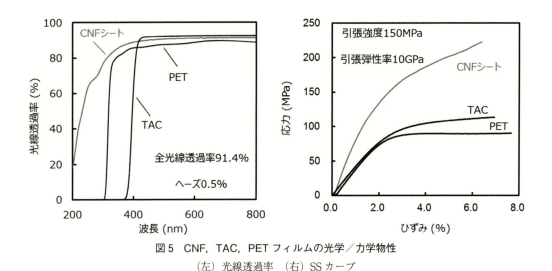

図5　CNF, TAC, PETフィルムの光学／力学物性
（左）光線透過率　（右）SSカーブ

キシブル性）を兼ね備えている点にある。例えば，今後，電子デバイスのカバーガラスや基板ガラスの樹脂化が進むと考えられているが，上記3条件を満たす樹脂素材は極めて限定される。

さらに，熱耐性もCNFシートの重要な特性である。例えば，電子デバイスの基板用途では，薄膜トランジスタ（TFT），有機EL（OLED）成膜時のプロセス温度に耐えるだけでなく，熱伸縮が少ないことが求められる。近年，精密加工の要求レベルは上昇の一途を辿っており，樹脂シートであっても，線熱膨張係数（CLTE）で数ppm/K～10数ppm/Kが必要とされる。

図6に示したように，CNFフィルムの熱寸法安定性はPETやTACなどに比べて極めて小さく，PETフィルムやTACフィルムで見られるガラス転移点を超えた後の温度域における急激な熱膨張の増加も見られない（図6左）。これらは，CNFの持つ結晶構造や，200℃以下で，CNFが融点やガラス転移点を持たないことなどに起因する。動的粘弾性測定でも，CNFフィルムに低温域から高温域にわたり温度依存性はなく，高温領域においても高い弾性率が維持されることを確認している（図6右）。以上より，CNFフィルムはTFTやOLEDの基板の要求物性に

第 2 章　リン酸エステル化法を用いたセルロースナノファイバーの製造とその特性

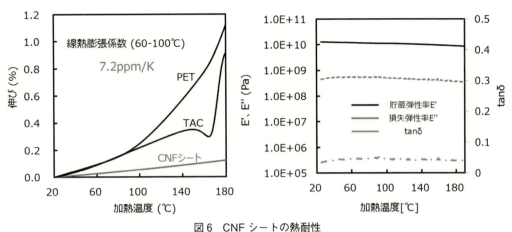

図 6　CNF シートの熱耐性
（左）熱伸縮率（右）動的粘弾性

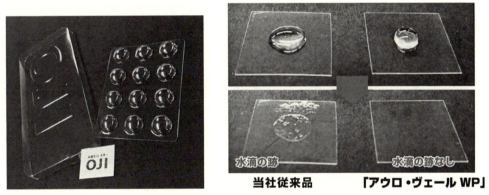

図 7　CNF シートの新ラインナップ
（左）成形加工が可能な「アウロ・ヴェール 3D™」
（右）撥水性を付与した「アウロ・ヴェール WP™」

応え得る，数少ない素材であると考える。

さらに，最近，CNF 透明シートが持つ透明性・フレキシブル性・低線熱膨張性に加えて，自由に成形加工できるという新しい特長を持った CNF 透明シート，水に弱いという CNF シートの弱点を改善し，撥水性を付与した CNF シートも開発した（図 7）。通常の CNF 透明シートは，「アウロ・ヴェール™」，成形性を付与したグレードを「アウロ・ヴェール 3D™」，撥水性を付与したグレードを「アウロ・ヴェール WP™」として，サンプルワークを行っている。また，これらシートを製造する実証プラントを 2017 年度後半から稼働している。

4.3　CNF パウダー

一般的に，CNF は固形分濃度 1〜2% 程度で，9 割以上水を含む状態で製造される。それゆえ，

CNFの添加量アップには，系内の水分アップが避けられないことや，輸送時の環境負荷も課題となっていた。当社では，①20％以上の高濃度の状態であり，②水に分散した際，低濃度で製造したスラリーと同等の粘度を発現する「ウェットパウダー状CNF」の製造に成功した。これにより，輸送時の環境負荷が低減できるほか，CNFが持ち込む水の量を大幅に減らすこともできるため，CNFを高濃度添加したい，系内に持ち込む水の量を制限したいといったニーズに応えることが可能となった。更に，ある添加剤を使用したグレードでは流動性が極めて高いパウダーを製造することもでき，ユーザーのハンドリング性改善にも大きく貢献できると考えている（図8）。

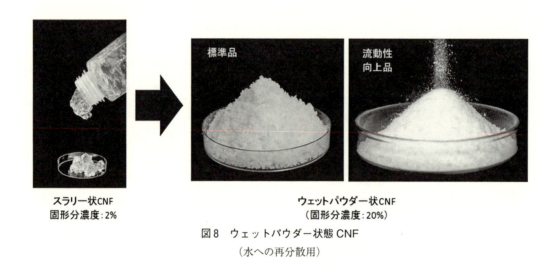

図8　ウェットパウダー状態CNF
（水への再分散用）

また，有機溶剤中でレオロジー改質をしたい，あるいは樹脂補強したいという要望が多くなっており，最近，これに応えるため，「多様な有機溶剤に分散可能なCNFパウダー」を開発した（図9）。これにより，従来のCNFでは困難とされていた，種々の有機溶剤中での増粘・分散性付与が可能となった。その分散液は高透明，かつ高粘度な特長を有するため，塗料，インキ，ポリマー合成などへの応用が期待される。

4.4　その他複合体

ガラス繊維や炭素繊維と比べた際，CNFは軽量，植物由来であることに加え，無色，透明であることも重要な特性である。最近，軽量かつ優れた透明性と耐衝撃性により，自動車用ライトカバー，電子デバイスの筐体，レンズ材などとして用いられるポリカーボネート（PC）樹脂と，CNFとの透明複合体の作製に成功した（図10）。この複合により，弾性率を従来のPC樹脂の約4倍（最大で9GPa）まで向上させ，かつ線熱膨張係数を従来のPC樹脂の約3分の1（25ppm/℃，アルミニウム並み）まで低減させることでき，高熱下での高い寸法安定が求められる

第2章　リン酸エステル化法を用いたセルロースナノファイバーの製造とその特性

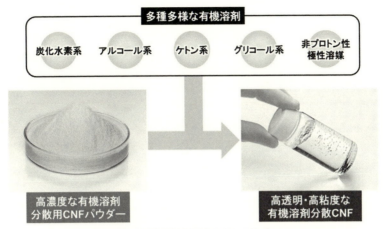

図9　有機溶剤分散用 CNF パウダー

図10　CNF とポリカーボネートの透明複合体

用途への適用が可能になると考えている。また，ガラス材料から PC 樹脂への代替が拡大すれば，材料の軽量化，断熱性向上も可能になる。

5　おわりに

　当社では，幅3～4 nm の CNF を極めて高効率に製造できる手法として，リン酸化法を見出した。リン酸化法は，リン酸基のイオン価数が大きいことから，CNF 製造時の微細化エネルギーを大幅削減できる手法である。本手法は，木質パルプ，リン酸塩，尿素を混ぜて加熱するだけと

いうシンプルなプロセスであるにも関わらず，ほぼ100%の収率でパルプをCNFに変換可能で，得られるCNFスラリーは高透明，高粘性，高チキソ性といった優れた物性も具備する。

連続ロール製造を行っている透明CNFシートは，①光学フィルム並みの透明性，②透明樹脂の中では突出した弾性率，③ガラス並みの熱寸法安定性を活かした用途開発を進めており，幅広い分野への適用が期待できる。

また，20％以上の高い固形分濃度であるCNFパウダーの製造にも成功した。CNFパウダーは水への分散，有機溶剤への分散，それぞれが可能なグレードを揃えており，「CNFのハンドリング性を向上させてほしい」，「CNFを高濃度添加したい」，「多種多様な溶剤へ分散させたい」というユーザーのニーズに応えることが可能となった。

リン酸化CNFの製造は，「セルロースナノファイバー高効率製造プロセスの開発」と題したテーマでNEDOから補助金の採択を受け，2016年後半に実証生産設備の稼動を開始，プロジェクトを完了した。また，リン酸化CNFシートの実証生産設備も2017年後半に稼動している。

今後は，上述してきた種々の形態（スラリー，シート，パウダー）のCNFを幅広くサンプル提供していくだけでなく，既にCNF実用化段階のユーザーに対しても安定的にサンプル提供可能な体制を整え，事業化への取組みを加速していく考えである。

文　　献

1) A. Isogai et al., *Nanoscale*, **3**(1), 71-85 (2011)
2) T. Saito et al., *Biomacromolecules*, **14**(1), 248-253 (2012)
3) I. Sakurada et al., *J. Polym. Sci.*, **57**, 651-660 (1962)
4) R. Hori et al., *Cellulose*, **12**(5), 479-484 (2005)
5) 矢野浩之ほか，Nanocellulose Summit 2012 講演要旨集，pp. 155-181 (2012)
6) A. N. Nakagaito et al., *MRS Bulletin*, **35**(3), 214-218 (2010)
7) H. Fukuzumi et al., *Biomacromolecules*, **10**(1), 162-165 (2009)
8) 神野和人ほか，セルロースナノファイバーの樹脂への分散技術と応用事例，pp. 238-244 技術情報協会（2012）
9) T. Saito et al., *Biomacromolecules*, **7**(6), 1687-1691 (2006)
10) L. Wågberg et al., *Langmuir*, **24**(3), 784-795 (2008)
11) T. Ho et al., *Cellulose*, **18**(6), 1391-1406 (2011)
12) Y. Noguchi et al., *Cellulose*, **24**, 1295-1305 (2017)
13) J. E. Worsham et al., *Acta Cryst.*, **B25**, 572-578 (1969)
14) S. Harkema et al., *Acta Cyrst.*, **B35**, 1011-1013 (1979)

第3章 ザンテート化セルロースナノファイバーの開発

田嶋宏邦*

　レンゴー㈱では，セロファンの製造技術を応用した新しいセルロースナノファイバー「ザンテート化セルロースナノファイバー（XCNF：Xanthated CNF）」を開発した[1]。XCNFはザンテート基を有しているが簡単な処理で脱離させ，純粋なセルロースからなるセルロースナノファイバー（RCNF：Regenerated CNF）に転換することも可能である。幅数nmのXCNFから再生して得られるRCNFの繊維径も数nmであり，非化学修飾のCNFとしては極めて細い。本稿では，これらの調製方法と物性について紹介する。

1 はじめに

　セルロースナノファイバー（CNF）は，木材のセルロース繊維を化学的あるいは機械的処理により，幅がナノメートルオーダーまで細かく解すことにより得られる。この繊維状物質は，高強度・高弾性，ガラス繊維や炭素繊維より低比重，石英ガラス並みの低熱膨張，可視光波長よりも微細である場合の透明性，分散液の特異な粘度特性等の様々な特徴を有し，自動車等の軽量化など広範な用途に応用可能な次世代素材として，近年大きな注目を集めている。

　当社では，1934年にセロファンの製造を開始して以来，セロファンの製造技術を基盤に，紙・不織布にセルロース皮膜を形成したビスコース加工紙「商品名・サフロン」[2]や，多孔性セルロースビーズ「商品名・ビスコパール」[3]を事業展開してきた（図1）。そして現在，80年以上の歴史をもつセロファン製造技術から誕生した新たなCNFを，第4の柱に育てるべく研究開発に取り組んでいる。

セロファン　　　　ビスコース加工紙　　　　セルロースビーズ

図1　セロファン関連事業

＊　Hirokuni Tajima　レンゴー㈱　中央研究所　研究企画部　部長

2 セロファン

セロファンとは，木材パルプ（セルロース）由来のフィルムである。1908年スイスのブランデンベルガーによって発明された世界で初めての透明フィルムで，cellulose（セルロース）とdiaphane（透明な）を組合せて，セロファン（Cellophane）と名付けられた[4,5]。

セロファンの製造工程は，以下の工程からなる（図2）。パルプを14～25 wt%の水酸化ナトリウムで処理（マーセル化）した後，二硫化炭素と反応させてセルロースの水酸基にザンテート基を導入し，セルロースザンテートとした後，水酸化ナトリウム水溶液に溶解し赤褐色で粘調なビスコースを得る。ビスコースを細長いスリットから酸の中に押し出すとザンテート基が脱離して，セルロースに再生されてフィルム状に凝固する。その後，精製（脱硫，漂白，洗浄），柔軟処理，乾燥することでセロファンが得られる。

セロファンは，手切れ性や帯電防止性に優れることから，医薬品包装，食品包装，セロファンテープ等で利用されている。また，近年の環境問題を背景に，木質由来の生分解性フィルムとして注目されており，世界的に需要は増加傾向にある。

また，ビスコースを紙や不織布に塗工または浸漬した後，酸により凝固・再生し，表面にセルロース膜を形成させたものがビスコース加工紙「サフロン」であり，ビスコースをノズルから酸に滴下し粒状に凝固・再生したものが多孔性セルロースビーズ「ビスコパール」である。

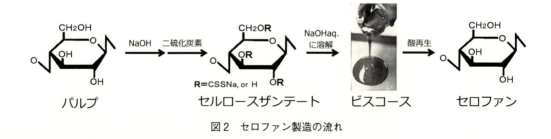

図2 セロファン製造の流れ

3 セロファン製造技術を応用した新しいCNF

CNFの調製方法として，セルロースにカルボキシル基，リン酸基等のアニオン性基を導入して，荷電反発と浸透圧効果により低エネルギーで解繊しやすくする手法が知られている[6,7]。セロファンの製造工程の中間生成物であるセルロースザンテートも，アニオン性基を有するセルロース誘導体であることに着目し，セルロースザンテートの繊維を溶解させるのではなく，反応を制御することでCNF化することに成功した。

第3章 ザンテート化セルロースナノファイバーの開発

3.1 XCNFの調製

　木材パルプ等のセルロース繊維を水酸化ナトリウム水溶液で処理した後，それを二硫化炭素と反応させセルロースザンテートを得る。前述のビスコース製造ではセルロースザンテートを水に溶解させるため，14～25 wt%の水酸化ナトリウム濃度で処理するが，ナノファイバーの調製では溶解させずに効率よく解繊させるため，水酸化ナトリウム濃度を低く設定し，セルロース結晶構造を保持させると共に，荷電反発により解繊を容易に行える量のザンテート基を導入する。

　図3は，NBKP（針葉樹晒しクラフトパルプ）を，8～11 wt%濃度の水酸化ナトリウム水溶液で処理した際のアルカリセルロースのエックス線回折図（XRD・segal法）である。水酸化ナトリウム濃度が9 wt%を超えると結晶性が低下し，セルロースIIへの転移が観察される。10 wt%水酸化ナトリウムで処理したアルカリセルロースから得られるセルロースザンテートは加水時に溶解し，著しくナノファイバーの生成率は低下する。一方，水酸化ナトリウム濃度が低すぎると，ザンテート化率が低くなり解繊時のエネルギー負荷が高くなる。温度，時間等の要因により若干の変動はあるが，水酸化ナトリウムの濃度は4～9 wt%が適している。ザンテート化は，セルロース結晶構造の保持を前提に，ザンテート基の置換度（Bredee法[8]により測定した硫化度より算出）が高いほど解繊しやすく，ナノファイバー生成率も高い（図4）。なお，図中のナノファイバー生成率は，XCNF水分散体を0.1 wt%に希釈し，12,000 Gで10分間遠心分離して，沈降した成分を未解繊物と定義してその重量から算出している[9]。

　セルロースザンテートの解繊は，セルロースザンテートの水分散液を，回転式ホモジナイザー，高圧ホモジナイザー，グラインダー法等によって，比較的低エネルギー負荷で行うことが可能で，

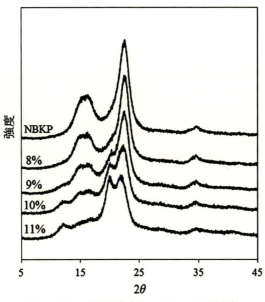

図3　アルカリ処理濃度とセルロースの結晶性

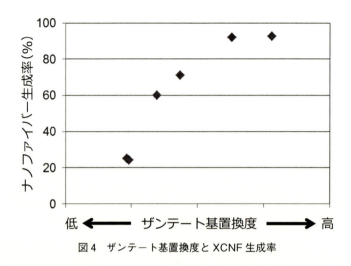

図4 ザンテート基置換度とXCNF生成率

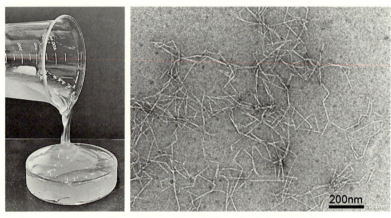

図5 XCNF水分散体の外観と透過型電子顕微鏡写真
(協力：京都大学 杉山教授)

淡黄色・透明でゲル状のXCNFが得られる。図5にXCNF水分散体の透過型電子顕微鏡（TEM）写真を示すが[10]，幅20～30μmの原料パルプが，幅3～8nmのナノ繊維となり，天然セルロースミクロフィブリルの単分散に近いレベルまで解繊されている。なお，パルプ原料にLBKP（広葉樹晒しクラフトパルプ），NDP（針葉樹溶解パルプ）等を用いても，同様な径のナノファイバーが得られる。

3.2 RCNFの調製

XCNFの最大の特徴は，軽微な処理でザンテート基を脱離させセルロースに戻すことができる点である。ビスコースを酸で再生するのと同様に，XCNF水分散体を酸性化することで，または加熱処理によっても容易にセルロースに再生可能である。その後，必要に応じて脱水，洗浄，

第3章 ザンテート化セルロースナノファイバーの開発

精製等を行った後,所望濃度の RCNF 水分散体とする。

　RCNF 水分散体の TEM 写真からは,XCNF と同様の幅 3〜8 nm のナノ繊維状となっており,非化学修飾の CNF としては極めて細いことがわかる(図6)。また,図7に RCNF と機械解繊 CNF(繊維径 約 10〜100 nm,後述の各評価においても比較サンプルとして使用)の固形分 2 wt％の水分散体の外観を示すが,RCNF は静電反発の低下からある程度凝集し,XCNF と比べ光透過度は若干低下するが透明性は高い。なお,透明性の評価として 0.1 wt％に希釈した各 CNF 水分散体を石英セル入れ,光路長 10 mm,波長 660 nm での透過率を測定したところ,XCNF 96％,RCNF 58％,機械解繊 CNF 16％であった。

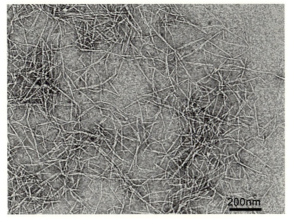

図6　RCNF の透過型電子顕微鏡写真
(協力:京都大学　杉山教授)

図7　RCNF(左)と機械解繊 CNF(右)の外観

3.3 粘度特性

XCNFとRCNFの固形分1wt%の水分散体の，20℃における粘度とせん断速度の関係を図8に示す。共にせん断を加えていない状態では高い粘度を示すが，せん断を加えることで粘度が低下するチキソトロピー性を示す。完全ナノ分散に近いXCNFの方がその傾向は強いが，RCNFも細く緻密なネットワーク構造を形成しているためか，非化学修飾のCNFとしては極めて高いチキソトロピー性を有している。なお，20，30，40℃と温度を変えて測定しても，粘度の温度依存性はなく同様な曲線が得られる。また，図9にはRCNFの濃度と粘度の関係を示すが，低濃度から急激に増粘しネットワーク構造が形成されている様子がうかがえる。

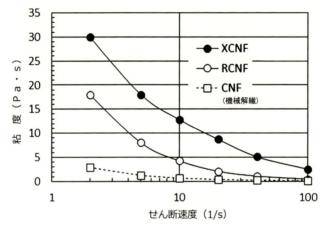

図8 XCNF・RCNF水分散体のせん断速度と粘度の関係

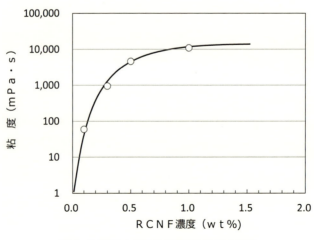

図9 RCNF水分散体の濃度と粘度の関係

第 3 章　ザンテート化セルロースナノファイバーの開発

3.4　RCNF の沈降安定性

　固形分 0.1 wt% の RCNF 水分散体を調製し，20 mL メスシリンダーに入れ，室温にて 4 日間静置し観察した。RCNF 水分散体は沈降が見られず分散状態を保っているが，比較の機械解繊 CNF は繊維径分布が広いためか沈降成分が観察される（図10）。

3.5　分散安定性・乳化安定性

　CNF のネットワーク構造の形成および粘度特性を利用して，粉体の分散安定化や乳化安定性の向上が知られており[11,12]，RCNF についてもそれらの効果の検証を行った。

　粉体の分散安定化の確認として，固形分濃度 0.3 wt% の RCNF および機械解繊 CNF の水分散体，ブランクの水のみに，酸化チタンの粉末を 10 wt% となるように添加し，回転式ホモジナイザーで 8000 rpm で分散し静置した。図 11 は 1 週間後の写真であるが，ブランク，機械解繊 CNF の順に上部に透明層が観察され，粉末が沈降している様子がうかがえたが，RCNF は分散状態が維持されていた。

　次に，乳化安定性の確認として，上記において酸化チタンの代わりに，オリーブオイルまたはスクワランを 20 wt% となるように添加した以外は同様に評価サンプルを調製し静置した。1 週間後の写真を図 12 に示すが，ブランクの水は両オイル共に 1 日目から分層し，機械解繊 CNF

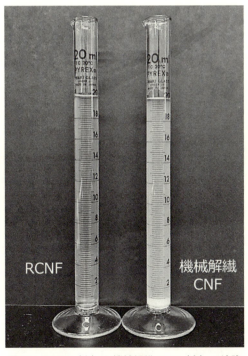

図 10　RCNF（左）と機械解繊 CNF（右）の沈降の様子

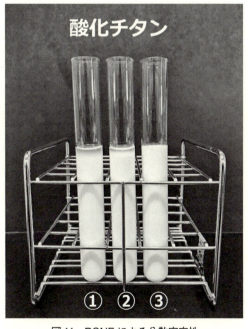

図 11　RCNF による分散安定性
（左から①ブランク，②機械解繊 CNF，③ RCNF）

図12 RCNFによる乳化安定性
（左から①ブランク，②機械解繊CNF，③RCNF）

はスクワランは1日後に，オリーブオイルは徐々に分層を始め1週間後には明確に分層した。なお，RCNFは1週間後でも分層は見られず乳化は安定していた。

比較の機械解繊CNFに対して，RCNFの繊維径は約1/3～1/10の細さであり，低濃度で緻密なネットワークを形成した結果，良好な分散安定性・乳化安定性が得られたと考えられる。

3.6 熱安定性

熱安定性の確認のため，XCNFおよびRCNFの凍結乾燥物を熱重量測定（TG）した（図13）。XCNFは，ザンテート基の脱離に始まる熱分解のため200℃以下から徐々に重量が減少している。一方，RCNFは，パルプと同じ化学構造のセルロースであることから，XCNFに対して約50℃高い熱安定性を示している。なお，TG曲線から外挿される熱分解温度は，XCNF 256℃，RCNF 313℃であった。

4 おわりに

XCNFは，セロファンの製造技術を応用して得られる完全ナノ分散に近いセルロースナノファイバーであり，ザンテート基を容易に脱離できるという特徴を有しているが，その裏返しで常温でも少しずつ脱離が進行する課題もあり，取り扱いおよび保管に注意が必要である。ザンテート基（または硫黄成分）を有すること，またはその特性が優位に働き，他の素材では代替できない用途や性能を見出せるかが，応用展開に向けてのポイントである。

第3章　ザンテート化セルロースナノファイバーの開発

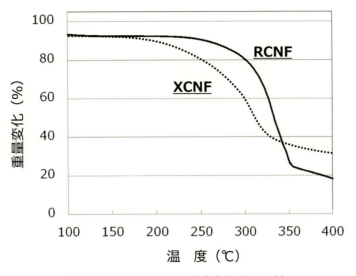

図13　XCNFとRCNFの熱安定性（TG測定）

　RCNFは，化学修飾されていない純粋なセルロースからなるナノファイバーとしては細く透明性や粘度特性に優れ，またパルプ（セルロース）に近い熱安定性を有している。

　レンゴー㈱では，セロファン関連事業の経営資源を活用したコスト競争力の実現と，既存CNFと異なる特徴を活かした差別化を図ることで，XCNFとRCNFの実用化を目指している。

文　　献

1) 久保純一ほか，特許6254335
2) 藤田真夫，小田桐裕行，機能紙研究会誌，**26**，30-35（1987）
3) 齋藤秀直，セルロース利用技術の最先端，pp.132-139，シーエムシー出版（2008）
4) A. Hisano, "Cellophane, the New Visuality, and the Creation of Self-service Food Retailing", Working paper (Harvard Business School) 17-106, p.12, Harvard Business School (2017)
5) M. Sisson, "Inventors and Inventions, vol. 1" p.166-170, Marshall Cavendish
6) 磯貝明，紙パルプ技術タイムス，**55**(6)，31（2012）
7) 酒井紅，紙パ技協紙，**72**(1)，55（2018）
8) H. L. Bredee, *Kolloid-Z.*, **94**, 81-92 (1941)
9) R. Kuramae, T. Saito, A. Isogai, *Reactive and Functional Polymers*, **85**, 126-133 (2014)
10) 清都晋吾，今井友也，杉山淳司，セルロース学会第25回年次大会講演要旨集，p.98（2018）
11) 後居洋介，機能材料，**38**(1)，14（2018）
12) 河崎雅行，紙パ技協紙，**70**(4)，30（2016）

第4章　高圧ジェットミル処理技術の開発と応用

森川　豊[*1], 伊藤雅子[*2]

次世代の高機能性素材として期待されるセルロースナノファイバーの開発や実用化において，セルロースをナノサイズの太さに加工できる機械技術の発展は必要不可欠である。ここでは，機械加工の中でも，高圧ジェットミルで加工されるセルロースナノファイバーの特性とその応用について述べる。

1　はじめに

セルロースは，主として植物中に存在する天然繊維である。基本骨格には，植物が光合成で二酸化炭素を固定して作り出したグルコースという糖が用いられている。よって，セルロースは，地球に降り注ぐ太陽エネルギーと，植物を取り巻く環境維持により，枯渇することなく生産される素材と考えられている。また，現状では世界で最も賦存量の多い有機物素材でもある。近年の環境問題への関心の高まりに伴い，多くの企業で自社製品原料の脱化石系素材が望まれている。このような中，天然機能材料であるセルロースを利活用した製品の開発は，非常に高い注目を集めている[1,2]。

ナノセルロースは，植物中に存在する数十μmほどの太さのセルロースを細く加工することで得られる。一般に，ナノセルロースの太さは，基本構造単位の糖の大きさである約3〜100 nmほどとされている。ナノセルロースには，原料や加工方法の違いで様々な種類が存在する。硫酸処理により紡錘状に加工されたものをセルロースナノクリスタル，また，機械加工やTEMPO酸化触媒のような化学加工で，細い繊維状になったものをセルロースナノファイバーと言う（図1）。

本稿では，国内の開発事例が多いセルロースナノファイバーを中心に記載する。特に機械加工に注目し，著者らが行っている高圧ジェットミル装置を用いて加工した素材の特徴や，セルロースナノファイバーを透明膜や吸着素材として応用開発を目指した事例についても併せて紹介する。

---

*1　Yutaka Morikawa　あいち産業科学技術総合センター　産業技術センター　環境材料室　主任研究員

*2　Masako Ito　あいち産業科学技術総合センター　産業技術センター　環境材料室　主任研究員

第4章 高圧ジェットミル処理技術の開発と応用

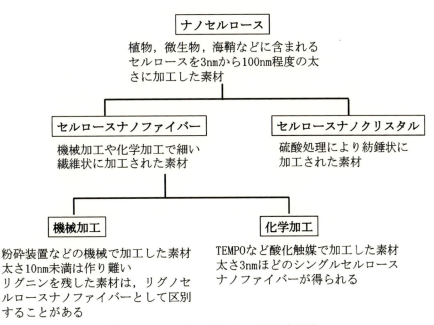

図1 セルロースナノ加工品の分類の概要図

2 セルロースナノ加工品の分類と機械加工

　図1に示したとおり，微生物，植物および海産動物である海鞘（ホヤ）など，生物体内にセルロースを有するものは，基本的にセルロースナノファイバーの原料として用いることができる。植物を原料とする場合，植物の構成成分であるセルロースをリグニンなど他の成分から分離して用いることが多い。そのため，リグニンが分離されていないセルロースナノファイバーは，リグニン除去操作が不要であることや，リグニンの特性を強調するためにリグノセルロースナノファイバーとして分類されることがある[3]。また，セルロースをTEMPO酸化触媒のような化学加工することで得られるセルロースナノファイバーは，3nmほどの非常に細いファイバーになることから，「（ミクロフィブリルという）1本に分離したナノ分散状態」を強調してセルロースシングルナノファイバーと分類することがある。

　通常，セルロースの原料を機械加工する場合，液状の媒体に分散された試料を用いる湿式の加工方法が用いられる。加工に用いる機械は，高圧ジェットミルやグラインダー，遊星ボールミルなどの粉砕装置を用いた例がよく知られている。

　図2の概念図に示すとおり，セルロース繊維の分子内は共有結合（図中の実線部）と水素結合（図中の点線部）で繊維方向にグルコースが繋がっているが，セルロース繊維間は水素結合（図中の点線部）のみで束になっている。セルロースナノファイバー加工を行うには，水素結合部分を選択的に切断すれば良い。水素結合エネルギーは10～40 kJ/mol程度であり，共有結合エネルギー（400～500 kJ/mol程度）より1桁ほど小さい。さらに，繊維間の水素結合を優先的に切断

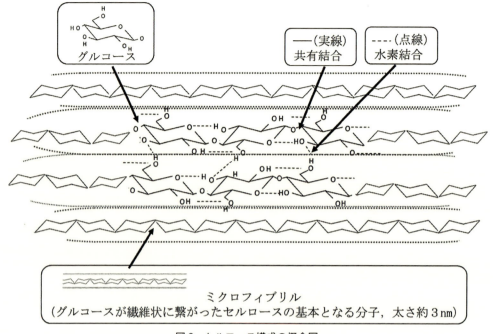

図2　セルロース構成の概念図

するためには，水などの極性の高い媒体で水素結合力を緩めるとともに，繊維を裂く力が求められる。そのため，著者らはせん断力が働く装置の方が，衝撃力が働く装置よりナノファイバーを得るのに効果が良いと考えている。

これらとは別に，ポリプロピレンなどの樹脂中でセルロースをファイバー化する機械加工法が注目されている。樹脂とセルロースナノファイバーを混合する工程を削減するために，特殊な二軸押出し機中において，樹脂とセルロースまたはリグノセルロースを混合しながら，ナノファイバーに加工する。工程を削減できるため，安価な樹脂複合材を作成する手法として実用化が期待されている。

なお，最近では，樹脂以外にも各企業の製品原料中でセルロースナノファイバーを加工する技術開発が行われている他，化学加工のセルロースナノファイバーも解砕処理を行うことで分散性，透明性を向上させることが知られており，各種のセルロースナノファイバー調製において，機械加工装置および粉砕方法の開発は必要不可欠となっている。

3　高圧ジェットミルによるセルロースナノファイバー加工と特徴

3.1　高圧ジェットミル

図3に著者らがセルロースナノファイバー加工に用いた装置の概念図を示した[4,5]。高圧ジェットミルは，高圧対応のプランジャポンプで，ノズルと称する狭路にセルロースと分散媒体

第4章　高圧ジェットミル処理技術の開発と応用

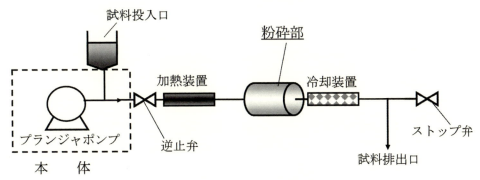

図3　高圧ジェットミルの概念図

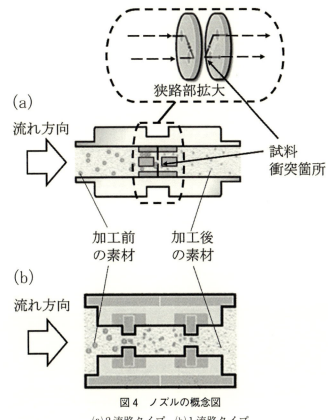

図4　ノズルの概念図
(a)2流路タイプ, (b)1流路タイプ

による懸濁液を押し込む。ノズルの形状は，2本の流路が中央で交差して衝撃力を得るタイプと，流路が1本のタイプがある（図4）。通常，ポンプの流速を上げることで，狭路を通る流体の圧力を調整する。使用した装置の最大圧力は200 MPaで，その際，水の最大流速は計算上およそ290 m/sになる[6]。非常に大きな線流速となるため，ノズルの狭路部にはダイヤモンド（単結晶

33

または焼結）が用いられる。なお，セルロースの水素結合を緩める目的で沸点以上の加熱条件で試料を処理する場合のため，ノズル前に加熱装置を設けており，ノズル通過後には沸点以下に冷却して試料を排出することができる仕様となっている。

3.2 高圧ジェットミルによるセルロースナノファイバー加工

高圧ジェットミルによる加工では，セルロース，スギおよびトマトの茎など各種原料からセルロースナノファイバーが得られる。加工前に水中で沈降した試料は，ナノファイバーに加工された後は，高い分散性を示し数か月後も沈殿しない。通常，リグニンを精製して除いたセルロース原料ほど，また，リグノセルロースでは草本系の方が木本系より加工効率は良い。

図5に，高圧ジェットミルを用いて様々な温度圧力で加工した結晶性セルロース（旭化成㈱製セオラス®）の電子顕微鏡写真を示した。なお，使用した結晶性セルロースにはリグニンは含まれていない。図5の写真に示したとおり未処理の結晶性セルロースが，温度が高いほど（図5(b)→(c)），また，圧力が大きいほど（図5(c)→(d)）より細いファイバーに加工されるのが確認された。なお，156 MPa，150℃で30回加工したセルロースナノファイバーの太さは，原子間力顕微鏡（パークシステムズ社製 XE-100-ASN）による測定で10～20 nm を示した[4,5]。

別に，未処理の結晶性セルロースの水懸濁液および各種分散媒体（水，エタノールおよびn-ヘキサン）に懸濁した結晶性セルロースを，高圧ジェットミルで150 MPa，5回の条件で処理した。試料の外観写真を図6に示した。分散に用いた溶液の極性は高い（水＞エタノール＞n-ヘキサンの順）ほど，処理効率が良くなり分散性が向上した。電子顕微鏡写真による観察では，エタノール（比誘電率24.3）より大きい分散媒体を用いた場合はナノファイバー加工が確認された[7]。

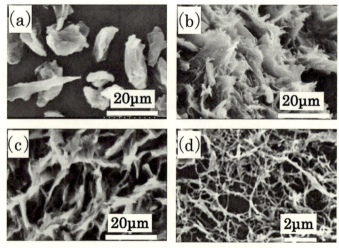

図5　加工条件の異なるセルロースの SEM 写真
(a)未加工，(b)室温5回処理（67 MPa，14.1%），(c)180℃5回処理（78 MPa，14.7%），(d)180℃5回処理（156 MPa，14.6%）

第 4 章 高圧ジェットミル処理技術の開発と応用

図 6 各種分散媒体中で処理したセルロースの外観写真
左から媒体および処理は，水（未処理），n-ヘキサン（処理），エタノール（処理）および水（処理）

なお，著者らの試験ではセルロースナノファイバー加工において，ノズル形状によるファイバー化の効果はあまり認められない。また，セルロース濃度の違いによる試料同士の衝突では，ほとんど加工効率に影響を受けない[5]。

3.3 セルロースナノファイバーの粘度特性および分散安定性の向上について

未処理の結晶性セルロースと高圧ジェットミルで処理したセルロースの粘度を，B 型粘度計によって測定した。測定時に，B 型粘度計のスピンドル回転数を変化させて，セルロース懸濁液の粘度との関係を調べた（図 7）。

水中に 2%濃度のセルロースを分散させた後，150 MPa で 5 回処理した試料は，未処理試料に

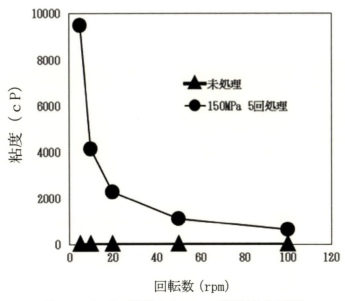

図 7 スピンドル回転数とセルロース懸濁液粘度の関係

図8 静置した炭素粉末水懸濁液の写真
左：2 wt%炭素粉末のみ，右：2 wt%炭素粉末＋0.5 wt% CNF

対して粘度が大きくなった。また，回転数 5 rpm から 20 rpm の間における粘度差は，150 MPa で 5 回処理した試料でおよそ 7,200 cP となり，未処理試料と異なり大きく減少した。一般に，加工方法に依らず，セルロースナノファイバーはこのような擬塑性流体の粘度物性を示すことが知られている。生コンクリート，インク，塗料などの粘度改質剤として注目され，製品化された事例も見られている。

さらに，炭素粉末の水懸濁液および，炭素粉末に未処理の結晶性セルロースとセルロースナノファイバーを各々添加した水懸濁液調整し，常温で12時間静置した。静置後の外観写真を図8に示した。炭素粉末の水懸濁液および炭素粉末に未処理のセルロースを添加した水懸濁液の試験区は，沈殿凝集により固形分と水が分離した。一方で，セルロースナノファイバーを添加した試験区は，炭素粉末の分散安定性が大きく向上し，水の分離は認められなかった。粘度と同様に，加工方法に依らずセルロースナノファイバーはこのような分散安定性を示すことが知られている。但し，高粘度でゲル状になっているセルロースナノファイバーと他の素材を均質に混合するためには，混合機の選択が重要となる。また，均質な混合とセルロースナノファイバー加工を同一処理で行うために，高圧ジェットミルを用いる効果についても検討されている。なお，分散安定性を向上させることができるセルロースナノファイバーは，インキや塗料のように複数の素材を分散させて構成される製品の，品質安定性と長寿命化に期待されている。

4　セルロースナノファイバー透明膜および複合膜への応用

4.1　セルロースナノファイバー透明膜

様々な条件で加工したセルロースナノファイバーの水分散液を減圧ろ過により脱水後，乾燥し

第4章 高圧ジェットミル処理技術の開発と応用

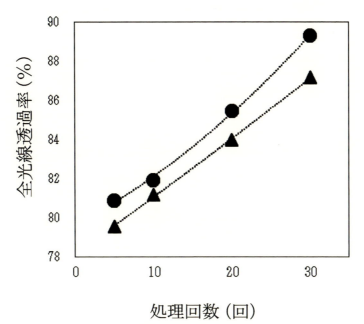

図9 処理回数と膜の全光線透過率の関係
▲：室温処理, ●：180℃処理

て膜に加工した。未処理の結晶性セルロースは，乾燥後元の粉に戻り膜を形成しなかったが，高圧ジェットミルで5回加工したセルロースナノファイバーは膜を形成した。結晶性セルロースの形状がファイバー化して比表面積が向上したことが，成膜性に影響したと考えられた。さらに，処理回数を増やすことで膜の透明性（全光線透過率）が向上した。図9に処理回数と膜の全光線透過率の関係を示した。透明性は，加工時の処理回数および加熱によりさらに向上し150 MPa，180℃で30回処理した際に最大値89％を示した。

このように，セルロースナノファイバーのみを用いた素材でも十分に高い透明性を示すため，セルロースの透明素材や透明性素材へのセルロース添加製品の開発は盛んに行われている。なお，機械加工で得られるセルロースナノファイバーは，化学加工で得られる試料に比べてやや太いため，透明性能を要求される場合には劣ることがある。

4.2　透明複合膜

水とエタノールを分散媒体としたセルロースナノファイバーを作成し，塗布乾燥することでセルロースナノファイバー膜を試作した。試作した膜の接触角測定結果を表1に示した。なお，試料の接触角は接触角測定機（協和界面科学㈱製 DropMaster-501）を用い，水 20μL 滴下後300秒後の角度を測定した。

分散媒体中に含まれるエタノール割合が増えるほど，接触角が大きくなり撥水性を示した。セルロースナノファイバーを化学処理することなく，混合操作のみで試作膜の一時的な撥水化現象

表1 様々な分散媒体を用いたセルロースナノファイバー膜の接触角測定結果

	エタノール：水				
	100：0	80：20	50：50	20：80	0：100
接触角（°）a	77.8	57.4	42.8	32.6	27.1

a：水 20μL 滴下後 300 秒後の値

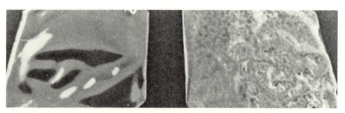

図10 ポリメタクリル酸メチル膜の外観写真
左：エタノールを分散媒体としたCNFを添加した試料，右：水を分散媒体としたCNFを添加した試料

が確認された．セルロースナノファイバーには水酸基（-OH）による親水面と炭素(c)による疎水面を有するとされており，分散媒体の極性がエタノール添加により水よりも低くなることで，疎水面が外側へ出やすくなったものと思われた．

アセトニトリルに溶解したポリメタクリル酸メチルに，水およびエタノールを分散媒体としてセルロースナノファイバーを混合した．水を分散媒体としたセルロースナノファイバーを添加した試験区は，混合時に白く濁った．各々を塗布乾燥し膜として剥離した試料を図10に示した．水を分散媒体としたセルロースナノファイバーを添加した試験区（図10右）は，セルロースと思われる凝集体が白く濁った．一方，エタノールを分散媒体としたセルロースナノファイバーを添加した試験区は高い透明性を示した（図10左）．

上記セルロースナノファイバー乾燥膜の接触角測定時と同様に，セルロースの疎水面が低極性のポリメタクリル酸メチルのアセトニトリル溶液に親和性を示し，水分散系セルロースナノファイバーの試験区と比べて二次凝集体の生成を抑制したと思われる．

5 セルロースナノファイバーの表面処理およびフィルタへの応用

5.1 表面処理（撥水化）

処理前の結晶性セルロース原料および凍結乾燥後のセルロースナノファイバーを表面処理した．表面処理は，密閉容器中に処理薬剤0.5 mLとセルロース10 gを共に非接触な状態で投入した後に加熱し，処理薬剤を気化させて行った[8]．なお，加熱温度は120℃，反応時間を60分とした．処理薬剤には各種シランカップリング剤（信越化学工業㈱製）と1-プロパノール（和光純薬工業㈱製）を用いた．表2に各種処理用薬剤を用いた場合のセルロースの接触角測定結果を

第4章　高圧ジェットミル処理技術の開発と応用

表2　各種処理薬剤を用いたセルロースの接触角測定結果

セルロース	接触角（°）[b]			
	処理薬剤なし[c]	1-プロパノール	デシルトリメトキシシラン	FAS13[d]
ファイバー化処理前[a]	0	124	113	141
ファイバー化処理後[a]	0	97	108	139

a：ファイバー化処理は180℃，150 MPaで5回行った
b：接触角は水20μLを用いて測定した
c：表面処理は120℃，1時間で行った
d：1H,1H,2H,2H-パーフルオロオクチルトリメトキシシラン

示した。ファイバー化処理前後のセルロースの接触角は，処理薬剤なしの時 0°であったが薬剤の種類により 97°を超える大きな値を示した。特にシランカップリング剤の FAS13（1H,1H,2H,2H-パーフルオロオクチルトリメトキシシラン）を用いた場合に最大値 141°となり，セルロース表面を水滴が転がるほどの超撥水材料となった。なお，表面処理前後のセルロースの加熱や薬剤による変色は，目視では認められなかった。また，セルロースナノファイバーがファイバー化処理前のセルロース原料に対して，接触角が小さい値になったのは，表面処理時に容器に投入した際に，粒子径が小さいセルロースナノファイバーは密に充填され，処理薬剤との接触が困難になった影響が考えられた。

撥水化は，樹脂などの疎水性素材にセルロースナノファイバーを添加剤として用いる際に，大きく貢献できる技術である。樹脂へのセルロースナノファイバー添加により強度物性が向上することが知られ，輸送機，家電製品など多くの産業で検討が行われている。

5.2　表面処理（表面電位変化）セルロースナノファイバーを用いた花粉除去フィルタ

花粉の吸着材にセルロースナノファイバーを活用する技術の検討を行った。吸着試験用の花粉には，日本スギ花粉（生化学バイオビジネス㈱製）および日本ヒノキ花粉（和光純薬工業㈱製）を用いた。なお，アレルギーは花粉に含まれるペクチナーゼなどの酵素タンパク質が影響することが知られている[9]。そこで，代替酵素として，Pectinase from *Aspergillus niger*（SIGMA-ALDRICH 社製）および Macerozyme R-10 from *Rhizopus* sp.（和光純薬工業㈱製）の2種の酵素をとともに，花粉のゼータ電位を測定した（表3）。

花粉のゼータ電位は −24.5 mV〜−52.2 mV と大きな負の値を示した。また，酵素のゼータ電位も同様に負の値を示した。

表3　花粉および酵素のゼータ電位

	日本スギ花粉	日本ヒノキ花粉	ペクチナーゼ[a]	マセロザイム[b]
ゼータ電位（mV）	−52.2	−24.5	−6.60	−1.6

a：Pectinase from *Aspergillus niger*
b：Macerozyme R-10 from *Rhizopus* sp.

表4 セルロースナノファイバーのゼータ電位測定結果

	処理時間（h）[a]			
	未処理	1時間	3時間	4時間
ゼータ電位	−61	−50.8	4.6	25.2

a：3-アミノプロピルトリエトキシシランによる表面処理CNF

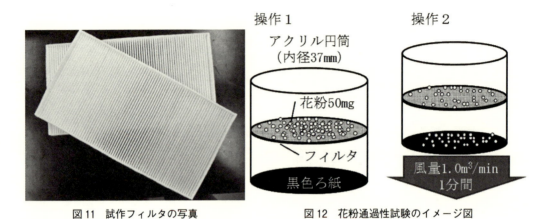

図11 試作フィルタの写真　　　図12 花粉通過性試験のイメージ図

そこで，セルロースの表面電位を正の値にするために表面処理を行った。処理は5.1項と同様に，密閉容器中に10gの凍結乾燥後のセルロースナノファイバーと0.5 mLの3-アミノプロピルトリエトキシシランを容器に投入して120℃で反応した。処理1〜4時間後のゼータ電位測定結果を表4に示した。処理時間の増加に伴い，試料のゼータ電位は正の値になり4時間後には25.2 mVとなった。

セルロースナノファイバーを付着させたポリピレンの不織布を用いて，家庭用空気清浄機に対応した花粉吸着用のプリーツ型フィルタ（160 mm × 300 mm × 20 mm）を試作した（図11）。なお，花粉の平均粒子径は数十μmであることから，試作するフィルタは比較的目の粗い集塵用の市販品を基に三喜ゴム㈱の協力で作成した。ASHRAE規格52-76によるフィルタの集塵試験を風量1.0 m³/minの条件で測定したところ，表面処理セルロースナノファイバーの付着によって圧力損失は変化せず，0.5μmから1μmの粒子集塵除去率は2.91％から4.70％に向上した。さらに，フィルタの花粉除去性能評価を，㈶ボーケン品質評価機構のマスク素材の花粉通過性試験に準じて行い，フィルタを通過して黒色ろ紙に付着した花粉重量を測定した（図12）。なお，花粉には表面電位の絶対値が大きいスギ花粉を用いた。フィルタ上に置いた50 mgのスギ花粉のうち，対照の試作品（セルロースナノファイバーなし）は30 mgが通過し（除去率40％），表面処理なしのセルロースナノファイバーをつけた試験区は22 mgが通過した。今回，表面電位を変えたセルロースナノファイバーをつけた試験区は10 mgの通過（除去率80％）となり，セルロースナノファイバーなしの市販フィルタに比べて2倍の除去率となった（表5）。

第 4 章　高圧ジェットミル処理技術の開発と応用

表 5　花粉通過性測定結果

フィルタ	ろ紙増加重量（mg）[b]	除去率（%）[c]
CNF なし（市販品）	30	40
表面処理未実施の CNF あり	22	56
表面処理実施後の CNF あり[a]	10	80

a：3-アミノプロピルトリエトキシシランによる表面処理 CNF
b：1 分間の通気前後のろ紙重量変化量
c：(1-(ろ紙増加重量 / 花粉総重量（50 mg）) × 100 で算出した

　セルロースナノファイバーは，比表面積が大きいため吸着材やフィルタ用の素材としても多くの開発がなされている。機械加工で得られるセルロースナノファイバーは，特殊な薬剤を用いることがないため，マスクなど比較的人体に近い用途への応用にも期待されている。

6　結び

　セルロースナノファイバーは，原料や加工方法により多様性があり，適材適所を検討する必要がある。今回紹介した高圧ジェットミルによるセルロースナノファイバーの加工は，目的とする用途に応じた加工条件を選択し，濃度や形状を変えることができる多様性を有している。また機械加工時に，他の原料や添加剤と複合化まで行うことができる。

　一方で，高圧ジェットミルも含め，セルロースナノファイバーの加工に用いられている装置の多くは，従来，他の素材を微粒化するために用いてきたものをセルロース加工に応用している事例が多い。そのため，セルロースナノファイバー加工特有の改善点があり，低コスト化や量産化に向けた機械装置としての"伸びしろ"は大きいと考える。

付記
　本研究は，独立行政法人科学技術振興機構平成 23 年度研究成果展開事業研究成果最適展開支援プログラム（A-STEP）フィージビリティスタディ【FS】ステージ探索タイプの研究開発にて実施した内容の一部である。

文　　献

1）矢野浩之，工業材料，**61**(3), 22 (2013)
2）磯貝明，工業材料，**60**(11), 23 (2013)
3）山本顕弘，セルロースナノファイバーの調製、分散・複合化と製品応用，p.94，技術情報協会（2015）

4) 森川豊, 伊藤雅子, 楳田慎一, 化学工学論文集, **36**(4), 259 (2010)
5) 特許第 5232976 号
6) 齋藤慶一, 森川豊, 伊藤雅子, セルロースナノファイバーの調製、分散・複合化と製品応用, p.113, 技術情報協会 (2015)
7) 特開 2017-023921
8) 齋藤永宏, 石崎貴裕, 高井治, 日本接着学会誌, **44**(9), 363 (2008)
9) 平塚理恵, 寺坂治, 日本花粉学会会誌, **58**(2), 51 (2012)

第5章 ミドリムシナノファイバー

芝上基成[*1], 林 雅弘[*2]

1 はじめに

　ミドリムシ（ユーグレナ）はおおよそ50μm×10μmのサイズをもつ微細藻類であり，分類学上，動物にも植物にも属するユニークな生物である（図1）。鞭毛により水中を泳ぎ回るという動物的機能を示す一方，葉緑体で光合成を行うという植物的な機能を持っている。光と水と二酸化炭素をエネルギー源とする独立栄養的な増殖に加えて，グルコース等の糖をエネルギー源とする従属栄養的な増殖も可能である。昨今，ミドリムシ細胞の乾燥粉末はその栄養価の高さから食品添加物として商業的に利用され，またミドリムシの産生物のひとつであるワックスエステル（炭素数が十数個の長鎖アルコールと長鎖脂肪酸からなるエステル化合物）は航空機用燃料としての活用が期待されている。このワックスエステル以外にもミドリムシはさまざまな有機化合物を産生することができ，そのなかには医薬品や化成品原料として活用可能な有用化合物も含まれている。さらに，ミドリムシの従属栄養的増殖能を活用して，例えば食品系廃水のようにグルコースに富んだ安全な廃液を培養液として利用することも可能である。このことから，筆者らはミドリムシを「食べる，燃やす」だけの存在にとどめるのではなく，廃液のようなほぼ無価値な資源から高付加価値物質の素材を産み出す「素材生産工場」と考えている。本稿では，ミドリムシが産生する有機化合物のひとつである貯蔵多糖（パラミロン）を主原料とするナノファイバーの開発について紹介する。

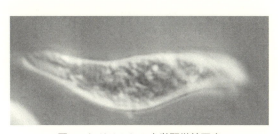

図1　ミドリムシの光学顕微鏡写真

---

* 1　Motonari Shibakami　（国研）産業技術総合研究所　バイオメディカル研究部門
　　　　　　　　　　　　　上級主任研究員
* 2　Masahiro Hayashi　宮崎大学　農学部　海洋生物環境学科　教授

2 素材としてのパラミロン

　パラミロンはミドリムシが細胞外から吸収した炭素源を変換して細胞内に蓄積した多糖高分子（β-1,3-グルカン）であり，多数のパラミロンが規則的に寄り集まって形成した粒子状の固体として存在している[1～9]。パラミロン粒子の形状はミドリムシの種類によってさまざまであるが，ミドリムシに関する研究で最も頻繁に使われている *Euglena gracilis* が産生するパラミロンは直径数 μm の回転楕円体様の形状である（図2）。本稿で紹介するナノファイバーの原料は *Euglena gracilis* 由来のパラミロンを用いた。

　パラミロンは約2,000個のグルコースが連なってできた高分子であり，分岐はなく直鎖状であると考えられている。重量平均分子量と数平均分子量の比（分散度）は1.2～1.3程度であり，単分散（1.0）に近い[10,11]。パラミロンの構成単位であるグルコースはβ-1,3様式で結合されており，図3に示すようにβ-1,4結合でグルコースがつながってできているセルロースと構造的にきわめて近い。

　パラミロンはβ-1,3結合を結合様式として採用しているため，セルロースには見られないらせん構造を構築することが可能である。このらせん構造によりパラミロンを原料とする材料はユニークな性質を獲得し，さらには他の天然多糖類を原料とする材料と差別化しうることが期待される。また生産面における長所として，①ミドリムシは硬い細胞壁を持たないことから細胞からの抽出が容易であること，②パラミロン粒子は不純物を含まないため複雑な精製プロセスが不要

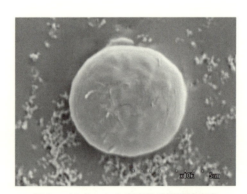

図2　パラミロンの走査電子顕微鏡写真

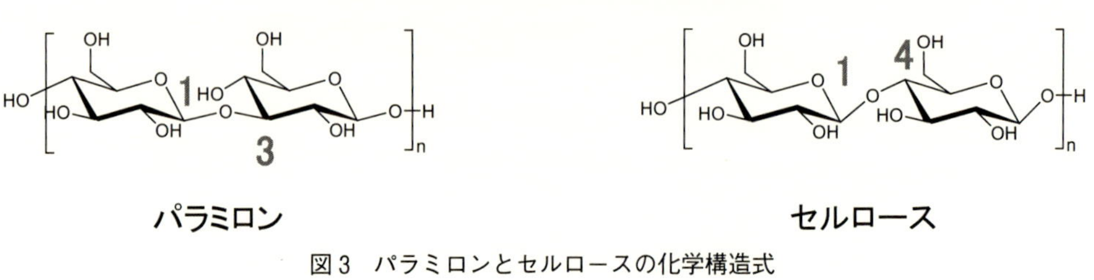

　　　パラミロン　　　　　　　　　　　セルロース

図3　パラミロンとセルロースの化学構造式

第5章 ミドリムシナノファイバー

であること，さらに③パラミロンはミドリムシの乾燥細胞重量の50％程度あるいはそれ以上にも蓄積されうること等が挙げられる[13,14]。以上のパラミロンの特長から，パラミロンから調製されるナノファイバーは高付加価値精密化学製品としてだけでなく，大量消費材としても利用可能と考えられる。

3 ナノファイバーの開発

3.1 ミドリムシナノファイバー[12]

上述したように，らせん構造の形成能はパラミロンの特長のひとつである。濃水酸化ナトリウム水溶液やDMSO中ではランダムコイルとして存在するが，希薄な水酸化ナトリウム水溶液や中性付近の水中では三重らせんとして存在することが知られている。また水酸化ナトリウムの濃度に応じて，パラミロンはそのコンフォメーションをランダムコイルから三重らせんへ，また三重らせんからランダムコイルへ自発的に変化させる。この性質を利用してパラミロンに三重らせんを基本構造とするナノファイバー（ミドリムシナノファイバー）を形成させることができる。例えば，パラミロン粒子を1.0 mol/L 水酸化ナトリウム水溶液に溶解し，水による希釈または水に対する透析により水酸化ナトリウム水溶液の濃度を0.20 mol/L 以下にすることで幅が約20 nmのナノファイバーが形成される（図4(a)）。図4(b)はそのナノファイバーの拡大図である。幅約4 nmの極細のファイバーが寄り集まって幅約20 nmのナノファイバーが形成されていることがわかる。

いくつかのスペクトル測定より，らせん構造とランダムコイル構造の境目の水酸化ナトリウムの濃度は0.20～0.25 mol/L の範囲内にあることを示唆された。図5はパラミロンを含む0.27 mol/L，0.25 mol/L，0.24 mol/L 水酸化ナトリウム水溶液中のコンゴーレッドの円二色性（CD）スペクトルである。0.27 mol/L ではCDシグナルは見られないが0.25 mol/L に希釈するとわずかに出現した。さらに0.24 mol/L に希釈するとCDシグナルが明確に出現した。CDシグナル

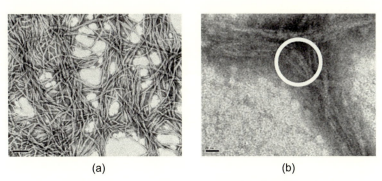

図4 ミドリムシナノファイバーの透過電子顕微鏡写真
スケールバー (a) 0.2 μm，(b) 20 nm。

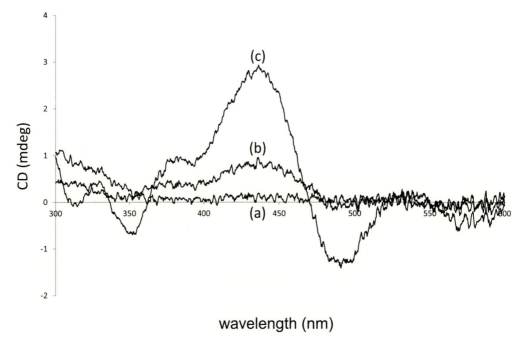

図5 パラミロン存在下（10 mg/mL）でのコンゴーレッドのCDシグナル
水酸化ナトリウム水溶液濃度 (a) 0.27，(b) 0.25，(c) 0.24 mol/L。

はらせん状のパラミロンが一次元のキラルな空間を形成し，コンゴーレッドがその中に取り込まれることにより出現するものと考えられる。したがってこのCDスペクトル測定の結果は，水で希釈されて水酸化ナトリウム水溶液の濃度が0.25 mol/Lまで低下するとパラミロンはランダムコイルかららせん構造へコンフォメーションを変化し始めることを示唆している。

また，図6は1.0〜0.20 mol/Lまでの濃度の異なる水酸化ナトリウム水溶液中でのパラミロンの^{13}C NMRスペクトルを示す。水酸化ナトリウムの濃度が1.0 mol/Lおよび0.27 mol/Lではグルコース由来のシグナルが明確に観測されたが，0.25 mol/Lではシグナルの強度がやや弱くなり，0.23 mol/Lではさらに小さくなった。さらに0.20 mol/Lに低下すると比較的運動性の高いC6由来のシグナル以外はほぼ消失した。この結果は，パラミロンのコンフォメーションが0.20〜0.25 mol/Lを境として，分子運動性の高いランダムコイルから運動が著しく抑制されるらせん構造へ変化することを示唆しているものと考えられる。

以上の結果から，ミドリムシナノファイバーの構築は次のようなメカニズムによるものと考えている。1.0 mol/L水酸化ナトリウム水溶液中ではパラミロン粒子は完全に溶解され，パラミロンはランダムコイル状の高分子として存在しているが，0.25 mol/L以下の濃度では分子間水素結合により自発的に集合して三重らせんを構築する。さらに水酸化ナトリウムの濃度が下がると三重らせんが寄り集まって幅約4 nmのファイバーとなり，これがさらに会合することにより幅約20 nmのナノファイバーとなる（図7）。

第5章 ミドリムシナノファイバー

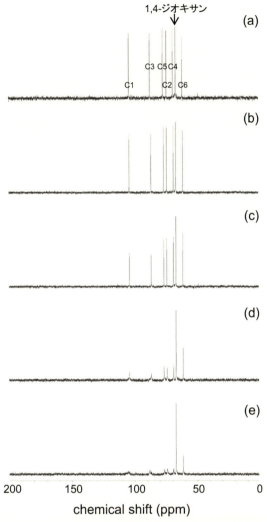

図6 水酸化ナトリウム水溶液中でのパラミロンの ^{13}C NMR スペクトル
水酸化ナトリウム水溶液濃度 (a) 1.0, (b) 0.27, (c) 0.25, (d) 0.23, (e) 0.20 mol/L。

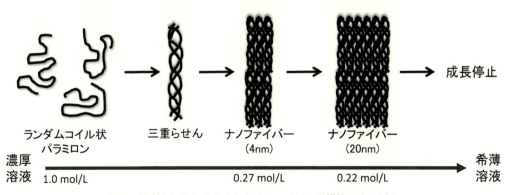

図7 想定されるミドリムシナノファイバーの構築メカニズム

3.2 化学修飾ミドリムシナノファイバー
3.2.1 パラミロンサクシネートナノファイバー[10]

　パラミロンのナノファイバー構築能は，化学修飾を施したのちも維持される場合がある。パラミロンサクシネートもその一つである。パラミロンサクシネートは，パラミロン粒子を溶媒に溶解してランダムコイルとしたのちに無水コハク酸と反応させることより合成される（スキーム1）。このパラミロン誘導体を水溶液に溶解したのちに凍結乾燥を施して得られる凍結乾燥体中に幅約200 nmのナノファイバーが走査電子顕微鏡で観察されたことから，溶液中でも同様あるいはさらに細いナノファイバーが形成されていることが推測される（図8(a)）。可視吸収スペクトルおよびCDスペクトル測定の結果から，パラミロンサクシネートは水溶液中ではらせん構造を構築することが確認された。したがって図8に示すナノファイバーの基本構造はらせん構造と考えられる。

スキーム1　パラミロンサクシネートの合成

　パラミロンサクシネートナノファイバーはカルボン酸を担持することから，その集合様式は溶液のpHに大きく依存する。図8(a)に示したナノファイバーはpH7.5の水溶液から調製した凍結乾燥体中に観察されたものであるが，pHの異なる3種の酸性水溶液から調製したナノファイバーの走査電子顕微鏡写真を図8(b)～(d)に示す。

　図8(b)に示すpH5.2の水溶液から調製した凍結乾燥体には図8(a)に示すpH7.5の水溶液から調製したナノファイバーとほぼ同様の形態のナノファイバーを含むが，pH4.0の水溶液から調製した凍結乾燥体にはシート状の構造物が出現し（図8(c)），さらにpHを2.5に下げた水溶液から調製した凍結乾燥体にはもはやナノファイバーは見られず，不定形の塊が大半を占めた（図8(d)）。以上の観察結果はナノファイバー表面に露出しているカルボン酸の働きに起因すると考えられる。すなわち，pH7.5と5.2の溶液中ではカルボン酸はカルボキシレートアニオンとして存在し，アニオン間の静電反発によりファイバーが水溶液中で分散していると考えられる。これに対してpHが低くなると静電反発が減少し，その結果ファイバーが凝集してシート状構造ないしは不定形の塊になったものと考えられる。

3.2.2 カルボキシメチルパラミロンナノファイバー[13]

　化学修飾パラミロンの一つであるカルボキシメチルパラミロンもまたパラミロンサクシネートと同様に，ナノファイバーを構築することができる。パラミロンのカルボキシメチル化反応はス

第5章　ミドリムシナノファイバー

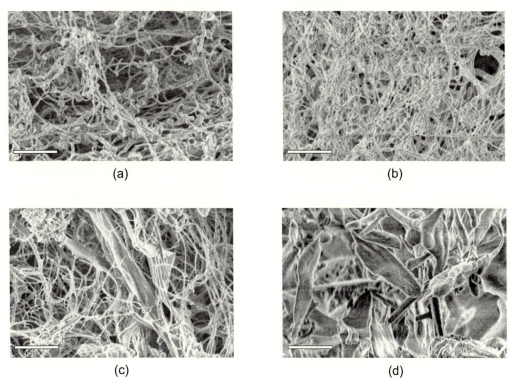

図8　パラミロンサクシネート水溶液の凍結乾燥体の走査電子顕微鏡写真
水酸化ナトリウム水溶液のpH (a)7.5, (b)5.2, (c)4.0, (d)2.5。スケールバー5μm。

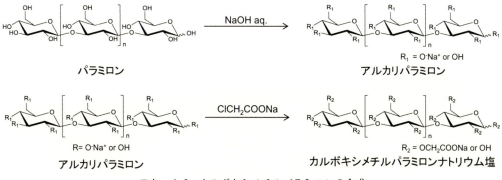

スキーム2　カルボキシメチルパラミロンの合成

キーム2に示すように，セルロースのカルボキシメチル化と同様に2段階反応によって行われる。原料となるパラミロン粒子は高い結晶性を特徴とするため，カルボキシメチル化反応に先立って粒子の前処理（アルカリパラミロンの調製）が必要となる。

アルカリパラミロンからカルボキシメチルパラミロンへの合成反応は，固体のアルカリパラミロンと2-プロパノール，濃水酸化ナトリウム水溶液およびクロロ酢酸からなる不均一系で行わ

49

れるが，得られるカルボキシメチルパラミロンの構造（特に置換度）はアルカリパラミロンの調製法や濃水酸化ナトリウム水溶液の濃度に依存する。図9はカルボキシメチルパラミロンナノファイバーの走査電子顕微鏡写真である。カルボキシメチル基の置換度は0.015と非常に低いがカルボキシメチルパラミロンは観察視野の全面に渡ってナノファイバーを構築していることから，カルボキシメチル基が一定以下の置換度でパラミロンに導入されることが，良好なナノファイバー形成に必須条件と考えられる。

　このカルボキシメチルパラミロンを3.0重量％の濃度で溶解した水溶液の写真を図10に示す。

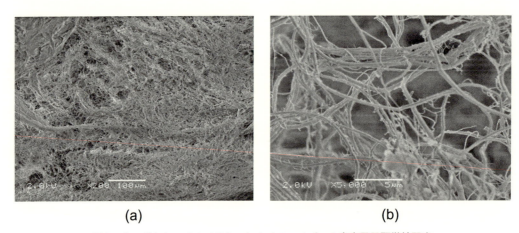

図9　カルボキシメチルパラミロンナノファイバーの走査電子顕微鏡写真
スケールバー　(a) 100 nm，(b) 5 μm。

図10　カルボキシメチルパラミロンナノファイバーの水和ゲル
（3.0重量％）

第5章　ミドリムシナノファイバー

さかさまにしてもスターラーバーを抱えたままであることから明らかなように，このカルボキシメチルパラミロンは高いゲル化能を有する。

3.2.3　パラミロンアシレートサクシネートナノファイバー[14]

(1) 分子設計

前述のパラミロンサクシネートは高い増粘性を発現することを確認している。増粘性は主に強い分子鎖間相互作用に由来するが，パラミロンサクシネートに長鎖アルキル基を導入することによる，さらに強い分子鎖間相互作用の付与を試みた。合成したパラミロンアシレートサクシネートの構造式を図11に示す。用いた長鎖アルキル基は炭素数の異なるミリストイル基，パルミトイル基，ステアロイル基の3種で，それぞれを大小異なる置換度（DS）となるようにパラミロンに付加して8種の化合物（1a～1f）を得た。

(2) 増粘性

各パラミロンアシレートサクシネートおよびリファレンスとしてパラミロンサクシネート（**2**）を1.5重量％の濃度で溶解した水溶液の粘度を測定した。図12に粘度－ずり速度の関係を示した。化合物 **1b** と **1d** は中程度の，**1f** は高い増粘効果を有することが明らかとなった。これらの結果は長鎖アルキル基が長いほど，また長鎖アルキル基の置換度が高いほど増粘効果，つまり分子鎖間相互作用が強くなることを示唆している。

つづいてパラミロンアシレートサクシネートを溶解した水溶液に凍結乾燥を施し，得られた凍結乾燥体について走査電子顕微鏡観察を行った（図13）。いずれの凍結乾燥体にもナノファイバーが観察されたことから，粘性発現にナノファイバーが関与していることが推察された。

(3) フィルム形成能

パラミロンアシレートサクシネートの特性として上記で紹介した増粘効果に加えてフィルム形成能が挙げられる。パラミロンアシレートサクシネートをエタノールに分散した不均一溶液をテフロン皿に入れて風乾することにより容易にフィルムを調製することができる（図14）。このフィルムは透明であり，可視光領域では90％程度の透過率の透明性である。またパラミロンアシレートサクシネートから調製したフィルムはいずれも手で軽く引っ張る程度では破れず，また簡単に曲げることができる。通常の取り扱いには苦労しない程度の強度としなやかさを有するフィルムである。

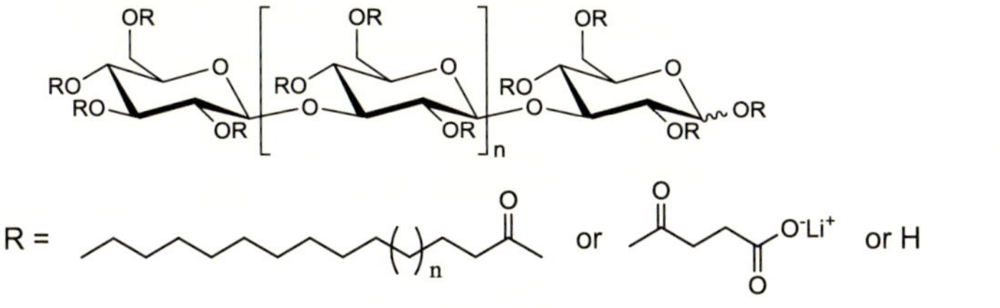

パラミロンアシレートサクシネート (1a–1f)

1a,	n = 1,	lower DS
1b,	n = 1,	higher DS
1c,	n = 2,	lower DS
1d,	n = 2,	higher DS
1e,	n = 3,	lower DS
1f,	n = 3,	higher DS

図11　パラミロンアシレートサクシネートの化学構造式

セルロースナノファイバー製造・利用の最新動向

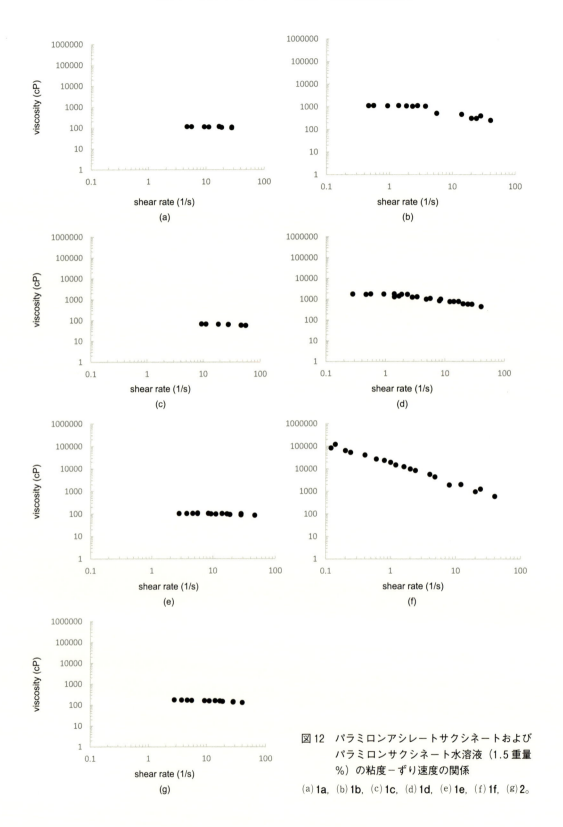

図12 パラミロンアシレートサクシネートおよびパラミロンサクシネート水溶液（1.5重量％）の粘度－ずり速度の関係
(a) **1a**, (b) **1b**, (c) **1c**, (d) **1d**, (e) **1e**, (f) **1f**, (g) **2**。

第5章　ミドリムシナノファイバー

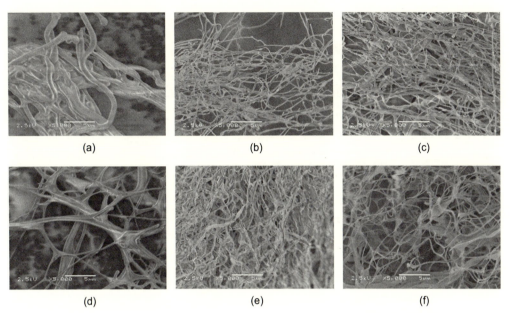

図13　パラミロンアシレートサクシネートナノファイバーの走査電子顕微鏡写真
(a) 1a, (b) 1b, (c) 1c, (d) 1d, (e) 1e, (f) 1f。スケールバー 5μm。

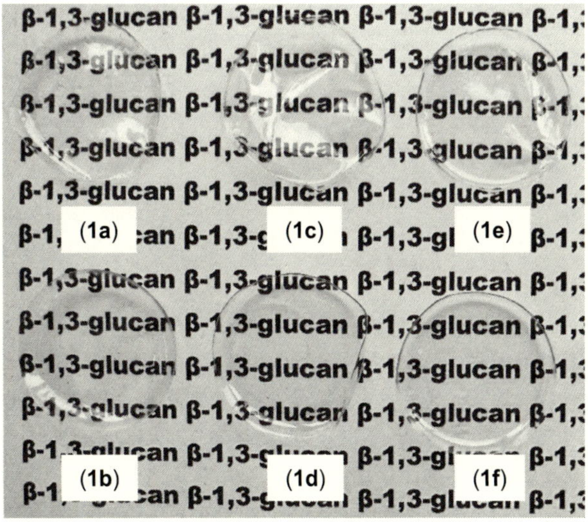

図14　パラミロンアシレートサクシネートフィルム
(a) 1a, (b) 1b, (c) 1c, (d) 1d, (e) 1e, (f) 1f。

(4) 吸水性

(2)で触れたように，パラミロンアシレートサクシネートは水中でナノファイバーを構築することができ，またこの構造は水を除去した凍結乾燥体中でも維持しうることが示唆された。さらに(3)で述べたように，この化合物から容易にフィルムを調製することができる。この２つの特徴を活かした高吸水性フィルムがパラミロンアシレートサクシネートから調製できるのではと想起した。そこでフィルムの水への浸漬時間と吸水性の関係をティーバッグ法により検討した（図15(a)）。化合物の構造と吸水性には明確な関係性は見られないが，いずれもフィルム重量の300〜1000倍程度の水を吸収することが明らかとなった。また，パラミロンアシレートサクシネートフィルムの多くはパラミロンアシレートフィルム（**2**）よりも高かった。さらに吸水時の特徴として，フィルムの形状を維持しつつ吸水することが挙げられる。図15(b)，(c)は吸水性実験で最も吸水率が高かった化合物（**1b**）から調製したフィルムの浸漬前と膨潤後の画像である。一辺がおおよそ5 mmのフィルムがその矩形を保ちながら膨潤している様子が分かる。

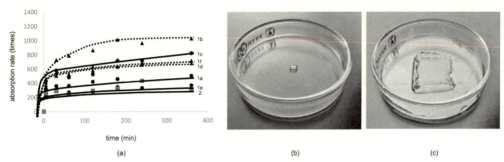

図15 (a)パラミロンアシレートサクシネートフィルムおよびパラミロンサクシネートフィルムの吸水率と浸漬時間の関係，パラミロンミリステートサクシネート（**1b**）フィルムの(b)浸漬前と(c)膨潤後の画像。

3.2.4　カチオン化パラミロンナノファイバー[15]

パラミロンはサクシニル基やカルボキシメチル基のようにアニオン性官能基だけでなく，カチオン性官能基を導入した場合でも水溶性を獲得し，ナノファイバーを構築することが可能である。ここではカチオン性官能基として2-ヒドロキシ-3-トリメチルアンモニオプロピル基をパラミロンに導入した（スキーム3）。図16は置換度が異なる2-ヒドロキシ-3-トリメチルアンモニオプロピルパラミロンの凍結乾燥体の走査電子顕微鏡写真である。置換度が0.07〜0.16の場合に，凍結乾燥体のほとんどがナノファイバーで占められることがわかる。化学修飾後の適度な水溶性とパラミロン本来のナノファイバー構築能のバランスが化学修飾パラミロン誘導体のナノファイバー構築能の発揮に重要であるが，2-ヒドロキシ-3-トリメチルアンモニオプロピルパラミロンにおいては，この範囲の置換度が水溶性とファイバー構築能の両者を発揮するために好都合であると考えられる。これらの誘導体はカチオン性に由来する種々の用途，例えばナノファイ

第5章 ミドリムシナノファイバー

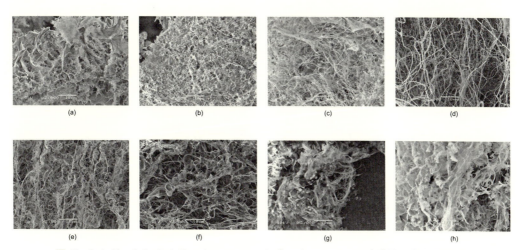

スキーム3 2-ヒドロキシ-3-トリメチルアンモニオプロピルパラミロンの合成

図16 2-ヒドロキシ-3-トリメチルアンモニオプロピルパラミロン水溶液の凍結乾燥体の走査電子顕微鏡写真
2-ヒドロキシ-3-トリメチルアンモニオプロピル基の置換度 (a)0.01, (b)0.03, (c)0.06, (d)0.07, (e)0.11, (f)0.16, (g)0.3, (h)0.64。スケールバー 10μm。

バー形状を活かした抗菌剤等への活用が期待される。

4 おわりに

　本稿ではミドリムシ由来の多糖（パラミロン）から作られるいくつかのナノファイバーについて紹介した。その外観は，現在最も精力的に研究開発がなされているナノファイバーの一つであるセルロースナノファイバーに酷似している。一方，その形成プロセスには大きな違いがあり，セルロースナノファイバーが木本類等の植物から機械的あるいは化学的に削り出していくいわゆるトップダウン法で作られるのに対し，ミドリムシナノファイバーはパラミロンの自己組織化能に基づくボトムアップ法による。そのため，ミドリムシナノファイバーの製造は，より低エネルギー化，低コスト化が図れる可能性がある。また，ボトムアップ法に由来する化学修飾ナノファイバーの調製の容易さはミドリムシナノファイバーの大きな特徴である。このような特徴を活かし，セルロースナノファイバーが不得手とする分野への展開が期待される。

文　　献

1) Booy, F. P. *et al.*, *Journal of Microscopy-Oxford*, **121**(FEB), 133-140（1981）
2) Brandes, D. *et al.*, *Exp Mol Pathol*, **90**, 583-609（1964）
3) Buetow, D. E., The mitochondrion. The Biology of Euglena, ed. D. E. Buetow. Vol. IV. New York: Academic Press, pp. 247-314（1968）
4) Clarke, A. E. *et al.*, *Biochim. Biophys. Acta*, **44**, 161-163（1960）
5) Guttman, H. N., *Science*, **171**(968), 290-292（1971）
6) Holt, S. C. *et al.*, *Plant Physiol.*, **45**(4), 475-483（1970）
7) Kiss, J. Z. *et al.*, *Protoplasma*, **146**(2-3), 150-156（1988）
8) Kiss, J. Z. *et al.*, *American Journal of Botany*, **74**(6), 877-882（1987）
9) Marchessault, R. H. *et al.*, *Carbohydrate Research*, **75**(Oct), 231-242（1979）
10) Shibakami, M. *et al.*, *Carbohydrate Polymers*, **98**(1), 95-101（2013）
11) Tamura, N. *et al.*, *Carbohydrate Polymers*, **77**(2), 300-305（2009）
12) Shibakami, M. *et al.*, *Carbohydrate Polymers*, **93**(2), 499-505（2013）
13) Shibakami, M. *et al.*, *Carbohydrate Polymers*, **152**, 468-478（2016）
14) Shibakami, M., *Carbohydrate Polymers*, **173**, 451-464（2017）
15) Shibakami, M. *et al.*, *Cellulose*, **25**(4), 2217-2234（2018）

第6章　発酵ナノセルロースの大量生産とその応用

田島健次[*1]，小瀬亮太[*2]，石田竜弘[*3]，松島得雄[*4]

フルーツから分離したセルロース合成酢酸菌（*Gluconacetobacter intermedius* NEDO-01）を用いて発酵ナノセルロースの大量生産を行った。砂糖・糖蜜を原料として 200 L スケールのジャーファーメンターを用いることにより，収量 5.56 g/L での NFBC の大量生産に成功した。得られた NFBC の医療応用への可能性を調べるために，胃がん由来腹膜播種に対する腹腔内化学療法への適用を試みた。

1　はじめに

セルロースのほとんどは植物によって合成されるが，動物，藻類，バクテリアもセルロースを合成することが知られている。中でも，バクテリアによって合成されるセルロースはバクテリアセルロース（BC）と呼ばれている。最も代表的な BC 合成菌は，絶対好気性菌である酢酸菌（*Gluconacetobacter*）であり[1]，約 50〜100 nm 程度のセルロースナノファイバーを菌体外に分泌する（図1(a), (b)）。セルロースは植物，バクテリアともにセルロース合成酵素複合体「ターミナルコンプレックス（TC）」によって合成されていると考えられているが，その構造や機能については完全には明らかとなっていない（図1(c)）。一般的に BC は，静置培養法と呼ばれる方法によってセルロースナノファイバーの3次元ネットワーク構造体であるゲル状膜（ペリクル）として調製される（図1(d), (e)）。このペリクルは高い保水性，高強度，生体適合性などの非常にユニークな性質を有しており，これらの特性を活かしたさまざまな用途開発が行われている[2〜4]。しかしながら，ナノファイバーの強固な3次元ネットワーク構造を有するペリクルは，成形性，混和性，流動性に乏しく，そのままの形では材料としての応用範囲が限定されてしまうという側面も有している。

また近年，ナノサイズのセルロース素材（ナノフィブリル化セルロース：NFC）が新規材料として注目を浴びている[5,6]。一般に，NFC は植物繊維（パルプ）を原料として，物理的・化学的処理によってトップダウン的に調製され，得られた NFC は水中に高分散している[7,8]。対照的

[*1] Kenji Tajima　北海道大学　大学院工学研究院　生物機能高分子部門　准教授
[*2] Ryota Kose　東京農工大学　大学院農学研究院　環境資源物質科学部門　講師
[*3] Tatsuhiro Ishida　徳島大学　大学院医歯薬学研究部　薬物動態制御学分野　教授
[*4] Tokuo Matsushima　草野作工㈱　企画室　室長

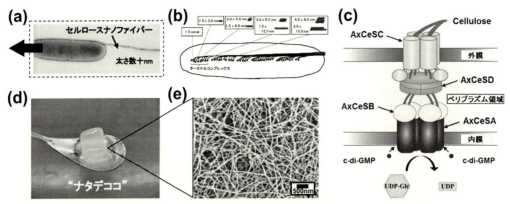

図1 酢酸菌・ナタデココの電子顕微鏡観察像，BC合成・TCモデル図

に，BCの場合は，培養条件等を最適化することにより低分子からボトムアップ的にセルロースナノファイバー（ナノフィブリル化BC：NFBC）を調製することが可能である[9]。さらに，炭素源として，グルコースやフルクトースなどの糖類やグリセリンなど，様々な物質を用いることができる[10,11]。

BCは上述のように新規材料として注目されているが，製造コストが高く，実用化があまり進んでいないというのが実状である。コストを下げるためのアプローチとしては培養条件（培地組成，培養方法）の最適化，菌の改良（高生産菌のスクリーニング，遺伝子組換え），など様々なアプローチがあるが，安価な炭素源の使用もその一つである。バクテリアが資化可能でしかも安価な炭素源の一つとして廃グリセリン，糖蜜などがある。廃グリセリンとは，バイオディーゼル燃料（BDF）を製造する際に，また糖蜜は砂糖を製造する際に生じる副産物のことであり，廃グリセリンには，高濃度のグリセリン（約45%）が[12]，糖蜜にはスクロース（約70%）が含まれている。そして，最近我々は，フルーツの表面から廃グリセリン，糖蜜などを炭素源としてBCを合成可能な新奇酢酸菌を取得し，ファーメンターによるナノフィブリル化BC（NFBC，発酵ナノセルロースと命名）の大量生産に成功した[13]。本稿では，酢酸菌におけるNFBCの大量生産およびその医療応用例について紹介する。

2 バクテリアセルロース（BC）

様々なバクテリアがセルロースを合成することが報告されているが，最も古くから研究が行われているのが酢酸菌（*Gluconacetobacter* = *Acetobacter*）である[1]。酢酸菌は，絶対好気性・グラム陰性の桿菌で，天然においては果物の表面などに生息している。酢酸菌の大きさは$1\mu m \times 5\mu m$程度で（図1(a),(b)），1本の繊維（セルロースリボン）を合成・排出し，それに伴って移動する（図1(a)）。糖などを含む液体培地中で静置培養を行うと，図1(e)に示すようなナノファイバーの緻密なネットワーク構造を有するゲル状の膜が作られる（図1(d)）。BCの特徴として以

第6章　発酵ナノセルロースの大量生産とその応用

下のような点が挙げられる：①リグニン・ヘミセルロース不含，②微細繊維（幅数十nm程度），③非常に発達したネットワーク構造，④高い機械的強度，⑤生分解性，⑥生体適合性，⑦保水性。BCの応用例として最も古くから知られているのが，"ナタデココ"というデザートである（図1(d)）。25年ほど前に日本でもブームとなり，現在でも様々な形態でナタデココを含む食品が売られている。"ナタ"は液上に浮く膜，"ココ"はココナッツの意味で，ココナッツ水の上にできる膜がナタデココである。ナタデココはバクテリアによって作られるが，そのコリコリとした食感はナノオーダーの繊維による緻密なネットワーク構造によるものである（セルロース含有量はナタデココ全体の約0.5%程度）。また，そのユニークな構造と物性を利用した応用例として，スピーカーの音響振動板，人工血管，創傷被覆材，UVカット材，高強度透明材料，表示デバイスなどがあり，デザートから先端材料まで幅広い応用が可能である。

3　酢酸菌におけるセルロース合成

通常酢酸菌は，グルコースなどの糖質を炭素源としてセルロースを合成する。菌体に取り込まれたグルコースはグルコース-6-リン酸，グルコース-1-リン酸，ウリジン2リン酸－グルコース（UDG-グルコース）を経てグルカン鎖が合成される。セルロース合成を実際に行っているのは，セルロース合成酵素複合体（ターミナルコンプレックス＝TC）である。酢酸菌において，TCは細胞の長軸に平行に直線的に局在していることが分かっており（図1(b)），TCには少なくともAxCeSA，AxCeSB，AxCeSC，AxCeSDの4つのサブユニットが含まれていると考えられている（図1(c)）。セルロース合成におけるAxCeSA，AxCeSB，AxCeSC，AxCeSDの機能はそれぞれ，AxCeSA：グルコースの重合（糖転移反応），AxCeSB：セルロース合成の制御，AxCeSC：グルカン鎖排出のための孔の形成，AxCeSD：グルカン鎖の排出・結晶化，と推定されており，AxCeSA-Cについては遺伝子欠損によってセルロース合成能の欠失，AxCeSDについてはセルロース生産量のかなりの減少が見られる[14]。

4　発酵ナノセルロース（NFBC）の創製

酢酸菌を用いて効率的にセルロースを合成する方法として，カルボキシメチルセルロース（CMC）などの水溶性セルロース誘導体を添加した培地による撹拌培養がある[9]。これまで，CMCを培地に添加した場合の酢酸菌の繊維生産挙動に関する報告は数多くなされており，CMCが培地中に存在することによりミクロフィブリルの自己組織化が妨げられ，繊維幅，結晶サイズが低下することが知られている[15,16]。通常，菌体外でミクロフィブリルが自己組織化してナノファイバー（リボン状）が形成されるが，CMCを培地に添加することによりCMCがミクロフィブリルの表面に吸着するために自己組織化が妨げられ，結果としてリボン状繊維よりも細い20〜40nm幅のナノファイバーが形成される。

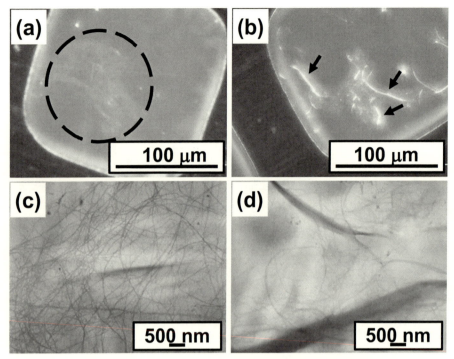

図2 NFBCおよびNFCにおける偏光顕微鏡像，TEM観察像
偏光顕微鏡像(a), (b), TEM観察像(c), (d), NFBC(a), (c), NFC(b), (d)。

図2(a), (c)は，CMCを添加した培地でファーメンターを用いた通気撹拌培養を行うことにより得られた高分散性セルロースナノファイバーである。対照試料として，木質由来精製パルプを機械的処理して得られた市販のセルロースナノファイバーを示している（図2(b), (d)）。図2(b), (d)では，マイクロまたはサブマイクロメートルスケールのファイバーが観察されているのに対し，図2(a), (c)では同サイズのファイバーは観察されていない。トップダウン型でセルロースナノファイバーを調製する場合，ナノファイバーが調製されると同時にサブマイクロおよびマイクロファイバーが僅かではあるが残存してしまう可能性がある。一方，バクテリアを用いたボトムアップ型ではサブマイクロメートルスケール以上のファイバーはそもそも存在しておらず，培養条件を最適化することにより，均質なナノファイバーを調製することが可能である。

5 発酵ナノセルロース（NFBC）の大量生産

ナノフィブリル化バクテリアセルロース（NFBC）は，水に対する分散性が非常に高く均一であるということが最大の特徴であり，これは酢酸菌を用い，ボトムアップ的にNFBCを調製するという製造方法によるところが大きい。また，NFBCは高い生分解性や生体適合性を有しており，これらの特徴を活かした用途開発が可能であると考えられる。これまでに我々は新たに発

第6章　発酵ナノセルロースの大量生産とその応用

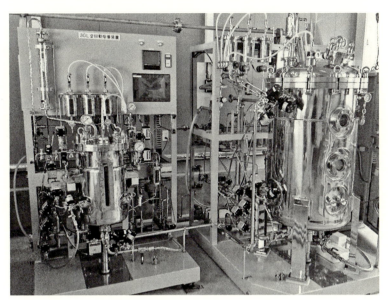

図3　大型ジャーファーメンター

見した *Gluconacetobacter intermedius* NEDO-01[13] の能力を最大限に引き出し，ナノファイバーが均一に分散した状態で NFBC を大量に合成可能な培養条件を見出すことに成功した．そして NFBC の工業レベルでの生産を視野に入れ，大量生産のための検討を行った（図3）．

　原材料のコストダウンを目的として，炭素源は砂糖製造（ビート糖）の際に副次的に産出される糖蜜を，また有機窒素・ビタミンなどの栄養成分の供給には，酵母エキスとコーンスティープリカー（どちらも工業的に安価に大量調達が可能）を用い，セルロース繊維の分散性を高めるため CMC を添加した．これらを最適組成で混合し，NEDO-01 の NFBC 生産培地とした．200 L 容大型ジャーファーメンターを用いて最適条件下で3日間の通気撹拌培養を行った結果，5.56 g/L の NFBC（乾燥物換算）を生産し，生産速度は $1.85\ \mathrm{g\cdot L^{-1}\cdot day^{-1}}$ であった．この値はヘストリンーシュラム（Hestrin-Schramm）標準培地使用時と同等以上であった．また本条件下における NFBC の生産速度は，既知の高生産菌である ATCC 53582 と ATCC 23769 より高かった．200 L 容大型ジャーファーメンターにおける培養経過の一例を図4に示した．培養開始とともに原料である糖が減少し，72時間後の培養終了時には残存していなかった．NFBC 収量は培養開始24時間後から増加し，72時間後に 5.56 g/L に達した．

　図5(b), (d)は，CMC を添加した培地でファーメンターを用いた通気撹拌培養を行うことにより得られた高分散性セルロースナノファイバーである．対照試料として，静置培養によって得られたセルロース膜（BC）を示している（図5(a), (c)）．図5(a), (c)と比較して，図5(b), (d)ではより繊維幅が小さいナノファイバーが観察された．

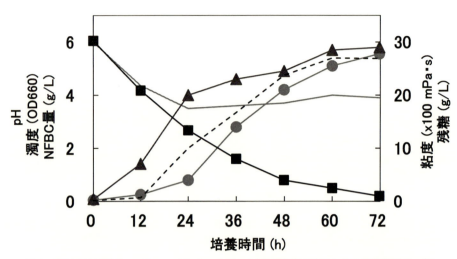

図4　200 L容大型ジャーファーメンターを用いた通気攪拌培養における培養経過の一例

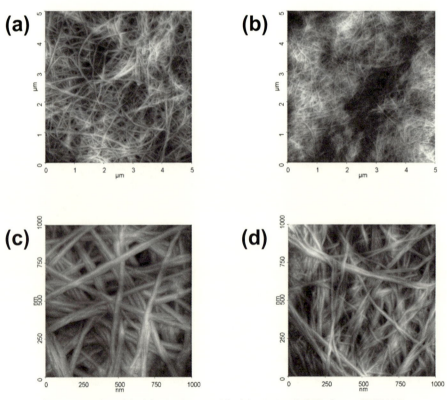

図5　ナタデココ(a), (c)およびNFBC(b), (d)における走査型プローブ顕微鏡像

6 NFBCにおける医療応用の試み

上述の通り，NFBCは砂糖・糖蜜などを原料として，フルーツから分離されたセルロース合成酢酸菌によってボトムアップ的に合成されるナノセルロースである。基本的にはデザートとして長い食経験があるナタデココと同じ物質であり，最近一般食品添加物として指定された。また，ヒトパッチ試験，急性経口毒性試験（単回投与），復帰突然変異試験，反復投与毒性試験（90日間）などにおいて安全性が確認されている。このようにNFBCは，原料，使用する菌，製造工程における安全性が担保されており，食品，化粧品，医薬品などへの応用の可能性がある。現在，これらの分野を含めた様々な用途開発を大学，企業と共同で行っているが，ここではNFBCの医療応用の一つの例として，胃がん由来の腹膜播種治療への応用に関して紹介する。

胃がん腹膜播種は，胃の粘膜層で生じたがん細胞が増殖し，胃壁を貫き，腹腔内にこぼれ落ちることで腹膜に転移した病態である。胃がんステージ4に分類され，外科手術による原発巣の摘出と化学療法が推奨されている。この内，全身化学療法では腹膜の血管周囲で増殖，もしくは豊富な血管を有する腫瘍に対しては効果を示すが，血管から腹腔内への抗がん剤の移行は制限されることが知られており，血管の少ない腫瘍や腹腔内に浮遊しているがん細胞に対しては効果を発揮しない。一方，腹腔内に直接抗がん剤を投与する腹腔内化学療法では，腹腔内での高い抗がん剤濃度を達成することができ，豊富な血管を有する腫瘍のみならず，血管の少ない腫瘍や浮遊しているがん細胞も同時にたたくことができ，胃がん腹膜播種に対する新規治療法として現在注目を浴びている。しかし，腹腔内に投与された抗がん剤は腹膜下の毛細血管およびリンパ管より速やかに全身に循環に移行してしまい，期待した治療効果が得られていない。

一般的に，腹腔内での高分子の滞留性は低分子よりも高いということが知られている。NFBCは繊維長が長く水に高分散した状態になっており，ゆるいネットワーク構造の中に様々な物質を保持することができる。また，NFBCは繊維径が細く均一で繊維長が非常に長いため，バインダーとして有効に働くことが期待される。さらにNFBCでは凍結乾燥によって乾燥時の繊維同士の結合（癒着）を抑えることができ，水にある程度再膨潤させることが可能である。我々は，このようなNFBCの特性を活かし，腹腔内における抗がん剤の分散性を高め，さらに滞留時間を長くすることで上述の腹腔内化学療法における問題点を解決できるのではないかと考えた。

この仮説を実証するため，モデル抗がん剤としてパクリタキセル（PTX）（＝タキソール®：TAX）を用いた。PTXは現在，幅広いがん種に対して使用される抗がん剤であるが，水への溶解性が非常に悪いことが知られている。そのため，一般的なPTX製剤であるTAXは，溶媒にポリオキシエチレンヒマシ油と無水エタノールを使用しており，この溶媒による過敏症や末梢神経障害などの副作用が問題となっている。一方，PTXにヒト血清アルブミンを結合したアブラキサン®（nab-PTX）は，PTXの溶解性を改善し，TAXの問題点を克服したPTX製剤であるが，薬価が高く，再分散に手間と時間を要するなどのデメリットがある。そこでアルブミンの代わりに，NFBCを使用し，両製剤の問題点を克服した新規PTX製剤を開発することを試みた。

メタノールに溶解したPTXとNFBCを質量比で1:2.5となるように混合し,凍結乾燥を行った。その後,PTX濃度を2 mg/mL,NFBC濃度を0.5(w/v)%となるように生理食塩水で再懸濁し,PTX/NFBCを作製した(図6)。NFBCによるPTXの保持を確認した後,腹膜播種モデルマウスへの投与試験を行った。実験群は,コントロール(投与なし),NFBC(薬剤なし),TAX,nab-PTX,PTX/NFBCで,各PTX製剤はPTX量で5 mg/kgとなるように投与した。その後のマウスの生存率から,それぞれの抗腫瘍効果を評価した。NFBC投与群ではコントロール群と同様の生存曲線を示したが,PTX/NFBC投与群ではTAX,nab-PTXと同様の生存曲線を示した(図7)。平均生存日数を比較すると,各PTX製剤投与群はコントロール群に比べ,

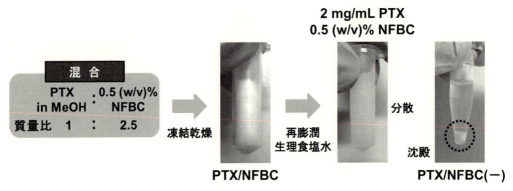

図6 PTX/NFBC製剤の調製方法

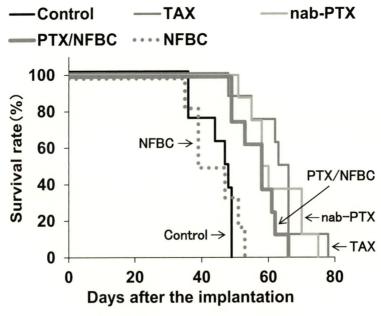

図7 各処理群における生存率の時間経過

第6章 発酵ナノセルロースの大量生産とその応用

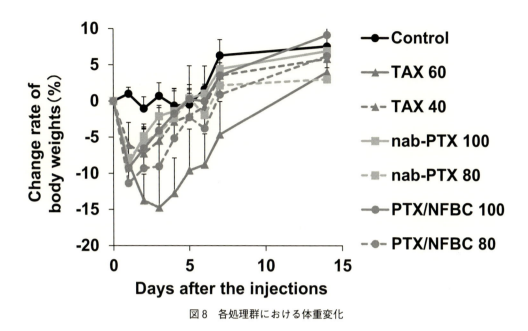

図8 各処理群における体重変化

生存日数の有意な延長を示し，3群間に有意な差はなかった。以上の結果より，PTX/NFBCの胃がん腹膜播種に対する抗腫瘍効果は，TAX，nab-PTXと同等であることが示唆された。

次にPTX/NFBCの毒性を評価するために，最大耐用量を決定した（図8）。Balb/cマウスの腹腔内に抗がん剤を投与した後，2週間継続的に体重を測定した。各PTX製剤の投与量は40〜100 mg/kgの範囲とした。最大耐用量（MTD）は，2週間の内に20%以上の体重減少および死亡発現が見られない最大投与量と定義した。TAX 80 mg/kgでは，投与後，数分でマウスが死亡する例が観察された。他の群では，20%以上の体重減少は見られず，死亡発現も発生しなかった。MTDはそれぞれ，TAX = 60 mg/kg，nab-PTX > 100 mg/kg，PTX/NFBC > 100 mg/kgとなり，PTX/NFBCではTAXと比較してMTDの上昇が確認された。

本検討より，新規に開発したPTX/NFBCはTAXと比べてより高用量での投与が可能であり，胃がん腹膜播種に対してより安全で高い治療効果を発揮することが明らかとなった。

7 まとめ

セルロースナノファイバー分野で，近年実用化に向けて盛んに研究されているのは，木材パルプを原料とした物理的・化学的処理によるトップダウン型の調製方法である。一方，バクテリアを用いたボトムアップ型の製造方法によって作られるNFBCは，繊維幅が比較的揃っている，リグニンやヘミセルロースを含まない，繊維長が長い，安全性が高いなど，ユニークな特長を有しており，現在Fibnano®（ファイブナノ®）という商品名で有償サンプル供給を行っている。

また，最近我々は両親媒性を有する新しいタイプのNFBCの開発にも成功し[17]，新たな用途開発を進めている。今後ますます環境調和・循環型社会の形成が求められる中で，NFBCをこれらの特長を活かした様々な用途に展開していきたいと考えている。

謝辞

電子顕微鏡撮影に関して，北海道大学大学院工学研究院の大久保賢二氏に多大なご協力を頂きました。本総説には，以下の多くの皆様方との共同研究による成果が含まれています：　砂川直輝，吉田誠，日本甜菜製糖㈱，大鵬薬品工業㈱（敬称略，順不同）。廃グリセリンは北清企業㈱より，糖蜜は日本甜菜製糖㈱よりご提供いただきました。また，本稿にはNEDO先導的産業技術創出事業（11B12009），地域イノベーションクラスタープログラム（グローバル型），戦略的基盤技術高度化支援事業（No. Hokkaido 1607005）の助成の支援を受けて実施された研究成果が含まれています。関係の皆様方に厚く御礼申し上げます。

文　　献

1) Brown, A. J., *J. Chem. Soc.*, **49**, 432 (1886)
2) Ross, P. *et al.*, *Microbiol. Rev.*, **55**, 35 (1991)
3) Nogi, M., Yano, H., *Adv. Mater.*, **20**, 1849 (2008)
4) Czaja, W. *et al.*, *Biomaterials*, **27**, 145 (2006)
5) Missoum, K. *et al.*, *Materials*, **6**, 1745 (2013)
6) Eichhorn, S. J. *et al.*, *J. Mater. Sci.*, **45**, 1 (2010)
7) Saito, T. *et al.*, *Biomacromolecules*, **7**, 1687 (2006)
8) Abe, K., Yano, H., *Cellulose*, **16**, 1017 (2009)
9) Warashina, S. *et al.*, セルロース学会第17回年次大会　2010 cellulose R & D　講演要旨集, 98 (2010)
10) Sunagawa, N. *et al.*, *Cellulose*, **19**, 1989 (2012)
11) Keshk, S. M. A. S., Sameshima, K., *Afr. J. Biotechnol.*, **4**, 478 (2005)
12) Karinen, R. S., Krause, A. O. I., *Appl. Catal. A-Gen.*, **306**, 128 (2006)
13) Kose, R. *et al.*, *Cellulose*, **20**, 2971 (2013)
14) Saxena, I. M. *et al.*, *J. Bacteriol.*, **176**, 5735 (1994)
15) Cheng, K. C. *et al.*, *Cellulose*, **16**, 1033 (2009)
16) Cheng, K. C. *et al.*, *Biomacromolecules*, **12**, 730 (2011)
17) Tajima, K. *et al.*, *Biomacromolecules*, **18**, 3432 (2017)

第7章 セルロースナノクリスタル

荒木　潤*

1　はじめに

　地上で最も豊富に存在する二大天然多糖類であるセルロースおよびキチンは、いずれも高結晶性の直鎖状高分子である。生体内ではその直鎖分子が束になり、「ミクロフィブリル」と呼ばれるナノオーダーの結晶性微細繊維を形成している。この10数年の間に、これらセルロースやキチンのミクロフィブリルを寸断せずに単離・抽出した極細微細繊維「ナノファイバー」を得るための技術が確立し、種々のセルロース／キチンのナノファイバーを用いた様々な研究および製品への応用が展開されていることは周知の通りである[1~3]。一方で、「セルロースナノクリスタル（CNC）」と呼ばれる、ナノファイバーとは別のナノセルロース材料についての研究・応用も数多く散見される。これらは天然セルロースないし天然キチン試料を塩酸や硫酸などで加熱処理し、加水分解した残渣から得られる棒状の結晶性コロイドであり[4~13]、「ミクロフィブリル」「ナノクリスタル」「ナノクリスタル」「マイクロクリスタル」など、文献により種々の名称で呼ばれてきたが、酸処理を経由していれば本質的には同一の試料である。

　CNCの発見および応用はとりわけ新しいものではない。セルロース酸加水分解の研究は古くは1940年代から発表され、その本質はほとんど現在でも不変である。古くからなされている増粘剤などの食品添加物や錠剤成形、化粧品用途などの応用[9]に加え、近年ではナノ複合材料の補強材料として注目されている[4~7,12,13]。同じ天然セルロース材料を原料として、サブミクロンサイズを保持するように抽出されたセルロースナノファイバー（CNF）およびCNCには、相違点もあるが共通点も数多い。CNFの活用を視野に入れた研究において、同時にCNCに関する古くからの知見の蓄積を知っておくこともまた有用であろう。

　本稿では、まずセルロース・キチンのナノクリスタルの特性について概説した後に、コロイド分散系の主要な分散安定化メカニズムである静電安定化および立体安定化について述べる。セルロース・キチン結晶の表面修飾を足がかりとしたこれらのメカニズムの適用例について述べ、さらにこのようにして得られた安定なナノクリスタル懸濁液を、ナノコンポジット材料創製を始めとする材料化学に応用した実例について示す。最後に、近年筆者らが開発した、添加剤フリーで完全に乾燥した新規CNC粉末の調製について述べる。

　なお、エビ・カニ類の甲殻やイカの腱、昆虫の羽などに含まれる多糖類であるキチンを酸加水分解して得られる「キチンナノクリスタル（ChNC）」は、同様のサイズ・物性を持ち利用が可

＊　Jun Araki　信州大学　学術研究院　繊維学系，国際ファイバー工学研究所　准教授

能であるので，本稿であわせて解説する。

2 CNC/ChNC とは

上述した通り，セルロースおよびキチンはともに，生体内では十数本〜1000本以上の分子鎖が束状に平行配列し，ミクロフィブリルと呼ばれる結晶性微細繊維を構成している[4〜8]。1本のミクロフィブリルを構成している分子鎖，またそれに伴うミクロフィブリルの幅は種によって異なり，幅2〜3 nm と極めて細いもの（木材セルロース），20 nm 近くの太さを持つもの（ホヤ・藻類セルロース・珪藻由来キチン），10 × 50 nm のリボン状断面を有するもの（バクテリアセルロース）など様々である。軸方向の長さは電子顕微鏡では計測不能なほど長く，重合度の数値[14]から考えると数 μm のオーダーにわたる。これらのミクロフィブリルを，長さ方向の寸断が発生しないように単離して得られるのが，前節で述べたセルロース／キチンナノファイバーである[1〜3]。一方で，これらのミクロフィブリルを含有するセルロース／キチン試料を塩酸・硫酸などの中で加熱し不均一加水分解して得られた残渣は，長さ方向に沿って寸断されたより短い棒状粒子断片を多く含んでいる。このようにして得られる試料が CNC ないし ChNC であり，図1に示されるようにその大きさはセルロースないしキチンの起源に大きく依存するが，幅は 2〜20 nm（加水分解前のミクロフィブリルの幅にほぼ等しい），長さは 100 nm〜数 μm である。

CNF と CNC の最も顕著な相違点はそのサイズにあるといってよい。極端な言い方をすれば，

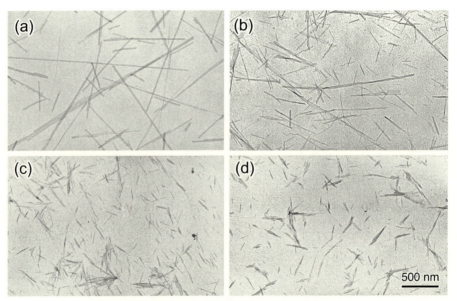

図1　さまざまな CNC の透過型電子顕微鏡写真
(a)シオグサ（緑藻類の一種），(b)バクテリアセルロース，(c)麻，(d)綿の 65％硫酸加水分解により得られた CNC。

第7章　セルロースナノクリスタル

CNCとは酸処理によって短く切り出されたCNFであり，CNFより小さい軸比（アスペクト比）をもつ。CNFは出発ミクロフィブリル内に存在する結晶性の緩んだ部位をそのまま残しているが，そのような非晶性部位は酸処理で加水分解されると考えられるためCNCには存在しない。CNFはその極めて高い軸比（数千以上）のために絡み合いを起こしえ，また増粘効果も高く，水懸濁液はわずか1％以下で流動性を失うほど粘性が上昇する。一方でCNCは数十～数百程度の高い軸比をもつものの，剛直棒状粒子のコロイドとみなすことができ，絡み合いはほとんど生じない。懸濁液の粘性上昇はCNFに比べると緩やかであり，濃度10％程度までは流動性の液体として扱える。

一方でCNFおよびCNCに共通の特徴点も多い。最も顕著な特性はその高い力学物性値にある。例えば，CNF/CNC1本のヤング率はAFMを用いた曲げ試験測定から150 GPa[15]，ChNCに関してもAFM測定から100～200 GPa[16]，ナノコンポジット力学測定の逆算からは150 GPaという値[17]が報告されている。CNF1本の破断強度は，超音波照射による破壊過程の観察から2～6 GPa[18]と見積もられている。これらの力学物性値はガラスや鋼鉄などの無機材料と比較しても極めて高い。また低比重（セルロースは1.59，キチンは1.43），低熱膨張率（$< 2 \times 10^{-4}$ ℃$^{-1}$），無毒性，表面水酸基を用いた容易かつ多彩な表面修飾，再生可能バイオマスであるなどの優れた利点を数多く有する。さらに，水懸濁液は，形状の異方性から顕著な流動複屈折を示す，いわゆる液晶性を示す[10]。

CNC/ChNCに特有の現象として，自発的コレステリック液晶形成が挙げられる。タバコモザイクウィルス[19]やDNA[20]のような他の棒状系・剛直分子系と同様に，ある臨界濃度（CNC形状に依存するが重量濃度5％程度）以上に濃縮すると自発的に2相に分離し，下部の光学的異方相がキラルネマチック（コレステリック）配列をとることが報告されている[21]。液晶性相は条件によりネマチック相[22]や「複屈折ガラス状相」のような特殊な配列[23]をとる場合もある（図2）。

上述したようなCNFおよびCNCの共通点・相違点を鑑みれば，それぞれの試料には適材適所があり，両者の特性をより活用できるような住み分け，使い分けをすることが重要（するべき）と筆者は考えている。

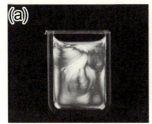

図2　綿由来CNC懸濁液の「ガラス状複屈折相（birefringent glassy phase）」（(a)固形分濃度2.8％[23]，(b)固形分濃度7.1％[23]），(c)バクテリアセルロース由来CNC懸濁液（固形分濃度1.23％）のネマチック相が示すシュリーレン模様の偏光顕微鏡写真[22]

3 コロイド分散系のメカニズム

　CNCの良好な分散（理想的には1本1本が独立した分散）は応用に際してきわめて重要である。例えば，コンポジット作製時におけるフィラー成分の凝集はマトリックス内の欠陥と見なされ，結果としてコンポジット全体の力学物性値低下を引き起こす。よって，CNCをコンポジットのフィラーとして用いるためには，それらの分散安定性を向上し，評価することが必須である。コロイド系の分散安定性を高める手法には，①表面電気二重層の反発による静電安定化，および②表面への高分子の吸着・結合による立体安定化，の2種があり，それぞれCNCの系でも多数検討されている。

　表面に荷電基を有するコロイド粒子系（CNCを含む）は，荷電基由来の電荷反発力によって安定に分散している。粒子が接近すると，電気二重層同士の重なりが反発力を生じるため，粒子は凝集せず安定に分散する。この静電的反発力およびvan der Waals引力のポテンシャルの総和を用いて二粒子間の相互作用を説明したのが有名なDLVO理論である。CNC粒子間のDLVO理論的扱いおよび実験による検証がなされたのは極めて最近である[24,25]。

　他方で，微粒子分散系の分散安定性は，粒子表面に吸着ないしは結合した高分子鎖によっても高められる[26,27]。後者のうち，片末端が粒子表面に強く吸着あるいは結合し，分子鎖が分散媒中に伸びきっているような高分子鎖は特にポリマーブラシと呼ばれる。粒子表面近傍に存在するこれらの高分子層どうしが近接すると，層が重なり合うにつれセグメント濃度が徐々に増加するため，その部分の浸透圧が増加し，重なり合い部分の自由エネルギーが増加した結果，反発力が高まっていく。これが立体安定化の原理である。

　静電安定化および立体安定化はそれぞれ，CNCの分散安定化にも極めて有効であり，種々の検討が行われている。それぞれ以下で解説するが，両者のより詳細な解説，およびCNC/ChNC系に対する適用の実際は総説[4]ないし成書[28]に譲る。

4 CNCおよびChNCの荷電基導入・制御による静電安定化

　CNCは表面にセルロース由来の水酸基を多数有するため水懸濁液として調製されてきた。その分散安定性は表面に導入された荷電基由来の電荷反発，すなわち静電安定化によるものが大半であった。注意したいのは，調製法によって得られるCNCの表面荷電基の種類および量が大きく異なり，それに伴って種々の物性，例えば粘性や分散安定性が変化するという点である。CNCおよびChNC調製の典型的な手法として，セルロースの65%硫酸による加水分解[10]，セルロースの2.5 M塩酸による加水分解[11]，キチンの3 M塩酸による加水分解[21(b)]，などの条件が報告されているが，これらCNCの調製法，特に酸処理法は物性に大きく影響する要因であり，異なる調製法により得られたCNCは（たとえ外観が同じに見えても）全くの別物であって異なる結果を生むという点には留意されたい。なお，CNCおよびChNCの詳細な調製法は別文献[29]に

第7章　セルロースナノクリスタル

報告してある。

　セルロースは1繰り返し単位当たり3つの水酸基を有しており，ミクロフィブリル表面にも多くの水酸基が露出している。原料セルロースを塩酸で処理してCNCを調製した場合[9,11]，水酸基のみが表面に露出し，解離しうる荷電基は導入されない。そのため，塩酸加水分解によって調製されたCNCの表面荷電基量は0である（木材パルプ由来のCNCでは，原料の酸化漂白に由来する微量のカルボキシル基が認められる場合もある[30]）が，電気泳動の結果から極めてわずかに負に帯電していることが知られている[11(b)]。荷電基を持たないためゲル化能が高く，濃度およそ2％程度で流動性を失いゲル化する。またこのCNCは，溶媒置換のみで10種類以上の有機溶媒に分散可能である[31]。

　これに対し，セルロース原料を65％硫酸で加水分解してCNCを調製すると，加水分解の過程において表面水酸基が硫酸エステル化される[10,21(a),30]。すなわち，CNC表面の水酸基と硫酸分子との間で，別の硫酸分子を脱水剤として縮合反応が生じ，表面に硫酸エステル基（$-OSO_3H$ 基）が導入される。このため表面が負電荷を帯び，結果としてよりよく分散安定したCNC水懸濁液が得られる。

　表面の硫酸エステル基の分散安定効果は非常に高く，塩酸加水分解CNCが1滴の塩溶液添加により急速に沈殿する[11(b)]のに対し，硫酸加水分解CNCはmmolレベルの塩を添加してもよく分散して安定である[32]。また，電荷反発力が溶媒の誘電率が高いほど遠方まで及ぶので，凍結乾燥と引き続く超音波処理により，DMSO・DMFなどの高誘電率の有機溶媒にも分散可能である[33]。ただしこの硫酸エステル基がプロトンを放出するため，濃縮するとpH＜3程度まで酸性を示すこと[34]，また加熱やけん化によって加水分解され遊離の硫酸を生じることなどには注意されたい（後者を活用して，希アルカリを用いたけん化による硫酸エステル基の除去も可能である[35]）。

　65％硫酸加水分解の条件，具体的には温度および時間を様々に変化することによって，表面に導入される硫酸エステル基の量をある程度制御することが可能である[36]が，過酷な加水分解条件はセルロース鎖の加水分解を助長し，粒子サイズを小さくしてしまう。そのため著者らは，粒子サイズを変化させずに荷電基量を制御する手法を開発してきた。具体的には，①50％硫酸処理をもちいたCNC表面水酸基の硫酸エステル化[37,38]，②尿素／リン酸混合処理による表面水酸基のリン酸エステル化[38]，③ラジカル酸化剤である2,2,6,6-テトラメチル-1-ピペリジニルオキシラジカル（TEMPO）をもちいた表面の一級水酸基の酸化，などである[39]。特に③のTEMPO酸化法は有効で，0～1.10×10^{-3} mol/g celluloseの範囲で広範に表面電荷量を制御することができた[39]。反応系内で触媒的サイクルを形成して作用するTEMPOを繰返し利用するため，シリカゲル微粒子や磁性微粒子のような固体上に担持したTEMPO触媒[40]や，水溶性高分子にグラフトしたTEMPO[41]を用いて酸化後の回収および繰返し利用を検討している。また，表面に第4級アンモニウム基を導入し正に帯電したCNCも報告されている[35,42]。以上の表面電荷量制御によって，懸濁液の構造粘性（特にチキソトロピー・アンチチキソトロピー性）や液晶形成挙動に

大きな変化が現れる[22,23,37,38]。

ChNC の表面には，キチンの N-アセチルグルコサミン残基内の2位アセトアミド部位が脱アセチル化して生じた一級アミノ基が露出しているため，ChNC は正に帯電している。ChNC の表面電荷量を制御するためには，加水分解前のキチン試料を高濃度の水酸化ナトリウムを用いて脱アセチル化し，続いて加水分解してナノクリスタルとする手法がとられる。脱アセチル化の条件は複数報告されているが[43~45]，いずれの手法を用いても広範な表面アミノ基量を有する ChNC ないしキチンナノファイバーが得られる。また，表面アミノ基の N-スルホン化により表面負電荷を有する ChNC が得られる[46]。

5　CNC および ChNC の立体安定化

CNC の立体安定化を初めて試みたのは Heux らのグループであり，CNC 表面に Beycostat NA（polyoxyethylene(9)nonylphenyl ether のリン酸エステル，界面活性剤の一種）を物理吸着させてトルエンやシクロヘキサン中に安定に再分散した懸濁液を得た[47]。Heux らの手法はシンプルで化学反応を採用せず，高濃度の有機溶媒懸濁液を調製できる優れた手法であり，ナノクリスタルの電場配向[48]や PLA マトリックス中に分散したナノコンポジットの調製[49,50]などに応用されてきている。これに対し，著者ら[39]は，TEMPO 酸化ナノクリスタルの表面カルボキシル基と，PEG1000 片末端の一級アミノ基の間のアミド化反応を活用して CNC 表面に PEG ポリマーブラシを形成し，立体安定化を達成した（図3(a)）。アミノ化 PEG，EDC（カルボジイミドカップリング剤），N-コハク酸イミドエステル（反応促進試薬）の添加順序によって結合効率は大きく変化する[51]。得られたナノクリスタル懸濁液は2Mという高濃度の電解質存在下やクロロホルム中でも凝集せずに安定に分散した。さらにこの懸濁液は濃縮すると，高分子グラフト前と同様にキラルネマチック液晶相分離を示した[39]。

従来法では荷電基を有する65％硫酸加水分解 CNC を出発物質に用いる例が多いため，荷電基の影響を完全に排除して立体安定化の効果のみを純粋に評価することが困難であった。Kloser および Gray は硫酸加水分解セルロースクリスタルの表面硫酸エステル基を除去した上でエポキシ基含有 PEO を結合することによって PEO 結合のみによる安定化を試みた[52]。また，我々は，塩酸加水分解で調製した荷電基量0のナノクリスタルにカルボキシル化 PEG をエステル結合し，同様に荷電基量0の立体安定化系を創製したところ，電解質の存在下（0.1 M NaClaq.）でも安定に分散することが示された（図3(b)）[53]。ChNC の立体安定化は，PEG 末端に導入したアルデヒド基と ChNC の表面アミノ基との間の還元的アミノ化により達成された（図3(c)）[46]。

上記の"grafting onto"法（高分子鎖を形成してから粒子表面に結合する）とともに，"grafting from"法（表面官能基からモノマーの重合を開始する）もまた興味を集めている。2008年の最初の報告[54~57]以来，わずか数年の間に実に多種多彩な例が報告されてきている。

CNC 表面への grafting from 法の応用例は2種に大別される。すなわち，①CNC の表面水酸

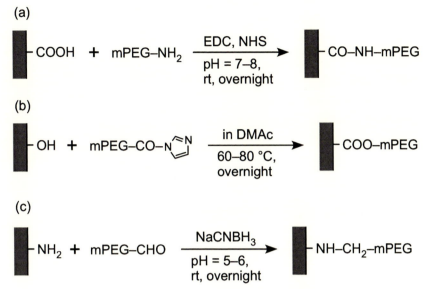

図3 種々の CNC/ChNC 表面への PEG 結合の様式
(a) CNC 表面のカルボキシ基と PEG 末端の一級アミノ基の間のアミド化[39], (b) CNC 表面水酸基と PEG 末端カルボキシ基の間のエステル化[52], (c) ChNC 表面アミノ基と PEG 末端アルデヒド基の間の還元アミノ化[46]。

基を開始点としたリビングラジカル重合[54,55]、および② -Br 基を含む表面官能基の導入に引き続く原子移動ラジカル重合（ATRP）[56,57] である。このようにして疎水性高分子を表面に導入した CNC は、非水溶媒への分散安定性が高く、疎水性マトリクスとの高い親和性によってコンポジット力学物性の向上が期待される。また、ポリ（N,N-ジメチルアミノエチルメタクリレート）を表面に重合した CNC は温度変化に伴う液晶形成能の変化を示す[58]。ChNC に grafting from 法を適用した例はこれまでに報告されていないが、キチンナノファイバー表面へアクリル酸をグラフト重合して塩基性水溶液中での安定性を高めた例[59] がみられる。

上記の例以外にも、様々な方法で様々な高分子が CNC 表面に導入され、立体安定化が実現されており、その詳細は総説[4,28] にまとめられている。

6 CNC/ChNC の材料応用

1 節で述べたように、セルロース／キチンのナノクリスタルは、「低比重の割に高強度である」「熱膨張率が低い」「表面修飾により物性を様々に調節可能である」「燃焼しても有害廃棄物を発生しない」「毒性がない」といった数多くの優れた特性を有し、ナノコンポジット（ナノサイズフィラーを含有する複合材料）のフィラーとして理想的である。近年、ガラス繊維や他の高分子繊維、カーボンナノチューブなどの代替として CNC をフィラーとして用いるナノコンポジットの調製例が急増している[12,13]。この研究の先駆けは、1995 年に Favier らが発表した論文[60] であ

り，ホヤ外套膜由来のCNCをスチレン-ブチルアクリレート共重合体ラテックスと混合した後にキャストして乾燥したフィルムを作製している。得られたフィルムは，1％以下のわずかなCNC含量で剪断弾性率が急激に増加し，またガラス転移温度以上における弾性率の低下も抑制された。植物由来CNCを用いた同様の研究はやはり優れた補強効果を示し[61]，CNCを用いた一連の複合材料形成研究を切り開く端緒として注目された。以降，現在に至るまで約20年にわたり膨大な研究が発表されてきているが，そのすべての紹介は本稿の範囲を超えるので，各論の詳細は総説[12,13]に譲り，著者らが創製に関わった例のみを簡潔に紹介する。

　CNC/ChNCを用いたナノコンポジット創製例の大半は，高分子をマトリックスとし，ランダム配向のナノクリスタルを含有する固体フィルムを扱っている。対して著者らは，水溶性多糖類を化学架橋して調製されるヒドロゲルへのナノクリスタル導入を検討した。例えば，キトサン化学架橋ゲルにChNCを導入すると，膨潤率はやや抑制され，ゲルのヤング率および圧縮破断強度が増大した[62]。同様にしてCNCと水溶性多糖類（ヒドロキシプロピルセルロース・カルボキシメチルセルロース）の組み合わせも検討された。得られたセルロース系ゲルおよびキチン／キトサン系ゲルは，電解質濃度の増加とともに膨潤率が低下し，それに伴ってヤング率の低下と破断強度の増加が認められた[63]。またいずれの系も，ナノクリスタル含有量の増加に伴ってヤング率の増加と膨潤度の低下が認められたが，その変化の度合いは系が電解質を含まない場合がもっとも顕著であり，電解質を含む系においては変化の度合いはわずかであった[63]。

　我々はその他に，ポリビニルアルコール（PVA）を冷メタノール中に射出した後にゲル延伸して得られるPVA繊維をCNC・ChNCによって補強する検討を行った。CNC懸濁液およびPVA溶液の混合物を射出したゲル状繊維は，引き続く延伸によってPVA分子鎖およびCNCの長軸が高度に一軸配向した繊維を与えた（図4）[64〜68]。用いるCNCの種類によって様々な結果が得られるが，最高でヤング率が56 GPa，破断強度が1.94 GPaという高強度・高弾性率繊維が得られた。これらの繊維の貯蔵弾性率はPVAのガラス転移温度以上でもほとんど低下せず，さらにCNCの導入はPVA繊維のフィブリル化を顕著に抑制することも明らかにされた[65]。

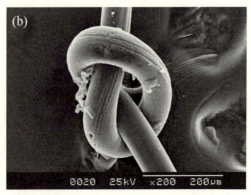

図4　PVA重量に対し5％の重量の綿由来CNCを混合して作製したナノコンポジット繊維の走査型電子顕微鏡写真[64]

第7章　セルロースナノクリスタル

ナノコンポジット以外の研究例についても紹介したい。CNC および ChNC の表面に他の金属ナノ粒子，例えば金や銀などの微粒子を吸着したハイブリッド粒子の創生を検討している。すでに類似の研究はいくつかあるが（詳細は総説[4,28]を参照），著者らはナノコンポジットのフィラーにした際に，補強効果に加えて金属ナノ粒子の持つ物性（抗菌性，導電性，触媒能など）を同時に発現することを期待している。実際に，CNC の表面に銀ナノ粒子[69]，ChNC 表面に金ナノ粒子[70]が吸着したハイブリッド粒子の作製に成功したが，両者とも吸着に伴い表面電荷が相殺され，分散安定性が著しく低下した。このため，上述した PEG 結合による立体安定化を併用し，銀ナノ粒子吸着後も安定に分散した CNC の調製に成功した[71]。今後，実際にナノコンポジットを作製し，力学物性の向上と抗菌能を評価する予定である。

CNC を成形した材料の例として，CNC のみから構成される繊維の例を紹介する。コロイド粒子である CNC の分散性の良さから CNC の繊維紡糸は困難であると予想され，前例がなかったが，実際には水懸濁液を電解質含有有機溶媒に射出すると容易に凝集してゲル状の繊維を形成し，引き続く乾燥によってしなやかな CNC 繊維を得ることに成功した[72]。いわば，"100%結晶領域のみからなる"繊維の創製である。CNC 表面の官能基の種類と量（と電解質残留量），CNC のサイズと結晶性，CNC 配向性，CNC 間架橋，などのさまざまな要因が繊維の力学物性に大きく影響を与えることが判明してきており，現在様々な検討を重ねている段階である。

7　新規な CNC 乾燥粉末の製造

本節では，上記2つの機構によらない CNC 分散安定の全く新規な概念について述べる。CNC および ChNC は表面が親水性に富み，従来の研究では全て，試料は酸水溶液中で加水分解された後に水系環境下での工程（せん断など）を経て，水系懸濁液として得られてきた。しかし，静電安定化による試料，すなわち荷電基を導入して分散安定化した試料は，水懸濁液を乾燥するといわゆる角質化を生じ，極めて密に集合した硬くて脆い樹脂状のフィルムを形成してしまうため，水に再投入したり超音波処理したりしても再分散できない。これは CNC 間の強固な水素結合が形成されることが大きな原因である。このために立体安定化や分散安定剤の添加が検討されてきているが，前者は基礎研究としての価値は高いものの複雑なプロセスを含み，コスト低減は困難である。また，前者・後者とも得られる最終生成物にセルロース以外の成分を含むため，後の工程に影響を及ぼす場合には利用できない。分散安定性維持のために試料乾燥が不可能であるという点は，試料の輸送・保管にかかるコスト面ばかりでなく，湿潤状態の試料の腐敗の可能性からも極めて不利であるが，これまで解決策は見出されなかった。

著者らはこの全てを解決する全く新しい手法を開発した。セルロースの塩酸加水分解残渣を非極性の有機溶媒，例えばトルエンなどに溶媒置換したのち粉砕して調製した CNC 懸濁液は全く角質化せず，簡便な風乾のみによって微粉末を得ること，さらに水懸濁液からの乾燥物よりも水への再分散性がはるかに高いことを見いだした（図5）[73]。理由についてはまだ不明な点も多い

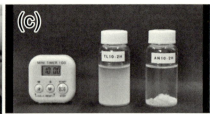

図5 (a)アセトニトリル中で粉砕し乾燥したため角質化した綿由来CNC，(b)シクロヘキサン中で粉砕し乾燥した綿由来CNC，(c)乾燥CNC粉末の水への再分散性（左がトルエン粉砕乾燥CNC，右がアセトニトリル粉砕乾燥CNC）

が，非極性有機溶媒がCNC間に挟まれることによって束状CNC間の強固な水素結合形成が妨げられること，あるいはCNC調製時のせん断処理の際に発生する静電気由来の粒子帯電が分散媒の低誘電率のために逃げにくいことなどが原因として推測される。さらにこのようにして得たCNCトルエン懸濁液を出発原料として，粒子共存重合法[74]と呼ばれる技術を駆使し，立体安定化されたCNC懸濁液を極めて簡便な処理（1pot, 2step）により，kgあるいはそれ以上の大スケールで調製する手法を開発した。非水系樹脂などの補強のためのナノフィラーを工業的に調製する手法として実現を目指している。この試料は㈱フイラーバンク社（2017年9月に設立された東北大学発ベンチャー企業。http://www.fillerbank.co.jp）より提供を開始している。

8 おわりに

CNCおよびChNCの基本的物性から始まり，それらの懸濁液の分散安定性の向上について，静電安定化および立体安定化という2つの面から概説した。さらに，これらのナノクリスタルの材料応用例について，著者らの関連した例のみであるが概説した。

21世紀に入ってからのCNF作製法の確立，およびそれらの急速な応用開発の広がりに伴い，溶液でもなく固体でもない"メゾスコピックな"次元を持つセルロース／キチンの系は，これまでにない新規な特性を発現する系として今後も注目を浴びることが期待される。しかしながらそれらの挙動はコロイド系の典型的なものであり，伝統的な界面・コロイド科学の理論および現象の理解によって制御が可能となる。"温故知新"古くから研究が重ねられ，幅広く利用もなされてきたCNCおよびChNCの系をいま一度紐解くことは，ナノファイバーの研究にも応用され，きわめて有益な将来の成果をもたらすであろう。

謝辞

CNC表面荷電基導入の研究は筆者の学生時代の研究であり，当時の指導教員の岡野健教授，空閑重則教授，和田昌久博士（東京大学農学部，いずれも当時）に謝意を表する。CNC補強PVA繊維の研究は後藤康夫教授・Ahmed Jalal Uddin博士（信州大学繊維学部，いずれも当時）との共同研究である。乾燥CNC粉末

第7章　セルロースナノクリスタル

の研究は有田稔彦博士（東北大学多元物質科学研究所・フイラーバンク㈱）との共同研究である。関係各位に謝意を表する。

文　献

1) Isogai, A., Saito, T., Fukuzumi, H. *Nanoscale*, **3**, 71-85（2011）
2) Ifuku, S., Saimoto, H. *Nanoscale*, **4**, 3308-3318（2012）
3) 近藤哲男，化学，**71**(2)（2016）
4) Araki, J. *Soft Matter.*, **9**, 4125-4141（2013）
5) (a) De Souza Lima, M. M., Borsali, R. *Macromol. Rapid Commun.*, **25**, 771-787（2004）；(b) Azizi Samir, M. A. S., Alloin, F., Dufresne, A. *Biomacromolecules*, **6**, 612-626（2005）
6) Habibi, Y., Lucia, L. A., Rojas, O. J. *Chem. Rev.*, **110**, 3479-3500（2010）
7) Eichhorn, S. J. *Soft Matter.*, **7**, 303-315（2011）
8) 荒木潤，空閑重則，*Cellulose Communications*, **7**, 111-116（2000）
9) (a) Battista, O. A. *Ind. Eng. Chem.*, **42**, 502-507（1950）；(b) Battista O. A., Smith, P. A. *Ind. Eng. Chem.*, **54**, 20-29（1962）
10) (a) Marchessault, R. H., Morehead, F. F., Walter, N. M. *Nature*, **184**, 632-633（1959）；(b) Marchessault, R. H., Morehead, F. F., Koch, M. J. *J. Colloid Sci.*, **16**, 327-344（1961）；(c) Marchessault, R. H., Koch, M. J., Yang, J. T. *J. Colloid Sci.*, **16**, 345-360（1961）
11) (a) Hermans, J. *J. Polym. Sci. C*, **2**, 129-144（1963）；(b) Hermans, J. *J. Polym. Sci. C*, **2**, 145-152（1963）
12) Ramires, E. C., Dufresne, A. *Tappi J.*, **10**, 9-16（2011）
13) Dufresne, A. *Can. J. Chem.*, **86**, 484-494（2008）
14) 近藤哲男，セルロース学会編，セルロースの事典，pp. 77-81，朝倉書店（2016）
15) Iwamoto, S., Kai, W., Isogai, A., Iwata, T. *Biomacromolecules*, **10**, 2571-2576（2009）
16) Xu, W., Mulhern, P. J., Blackford, B. L., Jericho, M. H., Templeton, I. *Scanning Microscopy*, **8**, 499-506（1994）
17) Paillet, M., Dufresne, A. *Macromolecules*, **34**, 6527-6530（2001）
18) Saito, T., Kuramae, R., Wohlert, J., Berglund, L. A., Isogai, A. *Biomacromolecules*, **14**, 248-253（2013）
19) Oster, G. *J. Gen. Physiol.*, **33**, 445-473（1950）
20) Robinson, C. *Tetrahedron*, **13**, 219-234（1961）
21) (a) Revol, J.-F., Bradford, H., Giasson, J., Marchessault, R. H., Gray, D. G. *Int. J. Biol. Macromol.*, **14**, 170-172（1992）；(b) Revol, J.-F., Marchessault, R. H. *Int. J. Biol. Macromol.*, **15**, 329-335（1993）
22) Araki, J., Kuga, S. *Langmuir*, **17**, 4493-4496（2001）
23) Araki, J., Wada, M., Kuga, S., Okano, T. *Langmuir*, **16**, 2413-2415（2000）
24) Cranston, E. D., Gray, D. G., Rutland, M. W. *Langmuir*, **26**, 17190-17197（2010）

25) Boluk, Y., Zhao, L., Incani, V. *Langmuir*, **28**, 6114-6123 (2012)
26) Vincent, B. *Adv. Colloid Interface Sci.*, **4**, 193-277 (1974)
27) Napper, D. H. *J. Colloid Interface Sci.*, **58**, 390-407 (1977)
28) 荒木潤, セルロースナノファイバーの調製, 分散・複合化と製品応用, pp. 216-229, 技術情報協会 (2015)
29) 荒木潤, *Cellulose Communications*, **23**, 193-199 (2016)
30) Araki, J., Wada, M., Kuga, S., Okano, T. *Colloids. Surf. A*, **142**, 75-82 (1998)
31) Okura, H., Wada, M., Serizawa, T. *Chem. Lett.*, **43**, 601-603 (2014)
32) Dong, X. M., Kimura, T., Revol, J.-F., Gray, D. G. *Langmuir*, **12**, 2076-2082 (1996)
33) Beck-Candanedo, S., Roman, M., Gray D. G. *Cellulose*, **14**, 109-113 (2007)
34) Revol, J.-F., Godbout, L., Dong, X.-M., Gray, D. G., Chanzy, H., Maret, G. *Liq. Cryst.*, **16**, 127-134 (1994)
35) Hasani, M., Cranston, E. D., Westman, G., Gray, D. G. *Soft Matter.*, **4**, 2238-2244 (2008)
36) Dong, X. M., Revol, J.-F., Gray, D. G. *Cellulose*, **5**, 19-32 (1998)
37) Araki, J., Wada, M., Kuga, S., Okano, T. *J. Wood Sci.*, **45**, 258 (1999)
38) Araki, J., Wada, M., Kuga, S., Okano, T. In Hydrocolloids: Physical Chemistry and Industrial Application of Gels, Polysaccharides, and Proteins, ed. K. Nishinari, Part 1, ch. 4, pp. 283-288, Elsevier, Amsterdam (2000)
39) Araki, J., Wada, M., Kuga, S. *Langmuir*, **17**, 21-27 (2001)
40) Tsukahara, M., Araki, J. Presented in part at the International Cellulose Conference, Sapporo, October (2012)
41) Araki, J., Iida, M. *Polym. J.*, **48**, 1029-1033 (2016)
42) Zaman, M., Xiao, H., Chibante, F., Ni, Y. *Carbohydr. Polym.*, **89**, 163-170 (2012)
43) Li, J., Revol, J.-F., Marchessault, R. H. *J. Appl. Polym. Sci.*, **65**, 373-380 (1996)
44) Fan, Y., Saito, T., Isogai, A. *Carbohydr. Polym.*, **79**, 1046-1051 (2010)
45) Araki, J., Kurihara, M. *Biomacromolecules*, **16**, 379-388 (2015)
46) Li, J., Revol, J.-F., Marchessault, *J. Colloid Interface Sci.*, **192**, 447-457 (1997)
47) Heux, L., Chauve, G., Bonini, C. *Langmuir*, **16**, 8210-8212 (2000)
48) Bordel, D., Putaux, J.-L., Heux, L. *Langmuir*, **22**, 4899-4901 (2006)
49) Bondeson, D., Oksman, K. *Compos. Interfaces*, **14**, 617-630 (2007)
50) Petersson, L., Kvien, I., Oksman, K. *Compos. Sci. Tech.*, **67**, 2535-2544 (2007)
51) Araki, J., Kuga, S., Magoshi, J. *J. Appl. Polym. Sci.*, **85**, 1349-1352 (2002)
52) Kloser, E., Gray, D. G. *Langmuir*, **26**, 13450-13456 (2010)
53) Araki, J., Mishima, S. *Molecules*, **20**, 169-184 (2015)
54) Habibi, Y., Goffin, A.-L., Schiltz, N., Duquesne, E., Dubois, P., Dufresne, A. *J. Mater. Chem.*, **18**, 5002-5010 (2008)
55) Lönnberg, H., Fogelstrom, L., Azizi Samir, M. A. S., Berglund, L., Malmstrom, E., Hult, A. *Eur. Polym. J.*, **44**, 2991-2997 (2008)
56) Yi, J., Xu, Q., Zhang, X., Zhang, H. *Polymer*, **49**, 4406-4412 (2008)
57) Xu, Q., Yi, J., Zhang, X., Zhang, H. *Eur. Polym. J.*, **44**, 2830-2837 (2008)
58) Yi, J., Xu, Q. X., Zhang, X., Zhang, H. *Cellulose*, **16**, 989-997 (2009)

59) Ifuku, S., Nogi, M., Yoshioka, M., Morimoto, M., Yano, H., Saimoto, H. *Carbohydr. Polym.*, **81**, 134-139 (2010)
60) Favier, V., Chanzy, H., Cavaillé, J. Y. *Macromolecules*, **28**, 6365-6367 (1995)
61) Helbert, W., Cavaillé, J. Y., Dufresne, A. *Polym. Composites*, **17**, 604-611 (1996)
62) Araki, J., Yamanaka, Y., Ohkawa, K. *Polym. J.*, **44**, 713-717 (2012)
63) Araki, J., Yamanaka, Y. *Polym. Adv. Tech.*, **25**, 1108-1115 (2014)
64) Uddin, A. J., Araki, J., Gotoh, Y. *Biomacromolecules*, **12**, 617-624 (2011)
65) Uddin, A. J., Araki, J., Gotoh, Y., Takatera, M. *Textile Res. J.*, **81**, 447-458 (2011)
66) Uddin, A. J., Araki, J., Gotoh, Y. *Composites Part A*, **42**, 741-747 (2011)
67) Uddin, A. J., Araki, J., Gotoh, Y. *Polym. Int.*, **60**, 1230-1239 (2011)
68) Uddin, A. J., Araki, J., Fujie, M., Sembo, S., Gotoh, Y. *Polym. Int.*, **61**, 1010-1015 (2012)
69) Araki, J., Hida, Y. *Cellulose*, **25**, 1065-1076 (2018)
70) Araki, J., Moriguchi, Y. *Polym. Adv. Tech.*, **28**, 66-72 (2017)
71) Urata, T., Araki, J. Presented at 9th International Conference on Fiber and Polymer Biotechnology, Osaka, Manuscript in preparation (2016)
72) Miyayama, M., Araki, J. Presented at 4th International Cellulose Conference (ICC2017), Fukuoka (2017)
73) (a)荒木潤,有田稔彦,特開 2016-221425;(b) Araki, J., Arita, T. *Chem. Lett.*, **46**, 1438-1441 (2017)
74) Arita, T. *Chem. Lett.*, **42**, 801-803 (2013)

第8章 ナタデココナノファイバー

近藤哲男*

1 はじめに

　この10年，ダウンサイズプロセスで製造される植物由来のセルロースナノファイバーの研究が盛んに行われるようになるにつれ，最近，生物がつくりだすバイオナノファイバーとして，微生物産生セルロースナノファイバーの研究も進展し，これからの新しい材料創製が期待されてきている。また，植物由来と微生物由来のセルロースファイバーの階層構造の違いが，ファイバー表面の特性まで影響を及ぼすことも分かってきた。そこで本章では，微生物，とくに酢酸菌と呼ばれる細菌が紡ぎだすナノファイバーの生合成機構についてこれまでの知見から，現在行われている機能化研究に加えて，筆者らが行ってきたセルロース産生微生物を用いたボトムアップ型ならびにトップダウン型材料創製法について概説する。

2 マイクロビアルセルロース（＝微生物セルロース）の生合成

　セルロースは植物だけが作るものではなく，バクテリアのような原核生物や菌類，粘菌類，藻類，ホヤなどの脊索動物に至るさまざまな生物が分泌するものとして存在が確認されている[1]。そのような微生物としては *Gluconacetobacter* 属，*Acetobacter* 属，*Agrobacterium* 属，*Rhizobium* 属，*Sarcina* 属，*Pseudomonas* 属，*Achromobacter* 属，*Alcaligenes* 属，*Aerobacter* 属，*Azotobacter* 属などがある。これらの微生物の多くは，共生や感染に必要な粘着物質としてセルロースを産生している。このような微生物が産生するセルロースをマイクロビアルセルロースと呼ぶ。その中で *Gluconacetobacter*（*Acetobacter*）属の細菌である酢酸菌（*Gluconacetobacter xylinus*＝*Acetobacter xylinum*）は，その中で好気性のグラム陰性細菌であり，大きさは菌株によって若干異なるが，幅0.5～1μm，長軸方向の長さが2～10μm程度である。この細菌は，培地中のグルコースを炭素源にして菌体外に幅約50 nm，厚さ10 nmのリボン状の結晶性セルロースナノファイバーを産生する。細菌・酢酸菌がつくるセルロースナノファイバーあるいは分子集合物をバクテリアセルロースと呼び，不純物を含まない純粋なセルロース分子からなる。酢酸菌の培養には，通常Schramm-Hestrin（SH）培地が用いられ[2]，グルコースを炭素源にして，培地表面にペリクルと呼ばれるゲル状のセルロース膜を形成する（図1左図）。膜はネットワーク構造を有している

＊　Tetsuo Kondo　九州大学　大学院農学研究院　バイオマテリアルデザイン研究室，高分子材料学研究室　教授

第8章 ナタデココナノファイバー

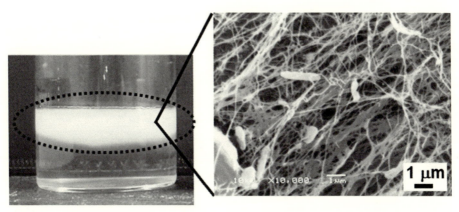

図1 (左) 酢酸菌が産生したマイクロビアルセルロースペリクルと (右) その電子顕微鏡写真

が，これは酢酸菌が培地中で，ナノファイバーを分泌しながらランダムに運動することで形成される（図1右図）。また，ペリクルは，食品の分野ではナタ・デ・ココ（Nata de Coco）として知られている。

2.1 セルロース合成酵素複合体

セルロースは，ウリジン2リン酸グルコース（UDPグルコース：UDPG）（図2下図）を前駆物質として細胞膜上の顆粒複合体（TC：terminal complexes，あるいは CSC：cellulose synthase complex と呼ばれる）により合成される。

セルロースの合成酵素遺伝子オペロンは AxCesA，AxCesB，AxCesC および AxCesD で構成されている。AxCesA は，UDPG から（1→4)-β-グルカン（セルロース）を合成する触媒活性を有する 4-β-グルコシルトランスフェラーゼを発現させ，AxCesB は環状グアニル酸（c-di-GMP）が結合することにより AxCesA の反応を活性化させる制御たんぱく質，また AxCesD はセルロースの排出，結晶化に深く関与しているものと推定されている[3〜6]。これら4つの遺伝子にコードされた4つのポリペプチド（A〜D：AxCesA，AxCesB，AxCesC，AxCesD に対応）によるセルロース合成酵素複合体を図2上図に示す。この合成酵素複合体が TC サブユニットとなって集合して TC を形成し，そこから生合成されたセルロース分子鎖が自己集合して束になって直径 1.5 nm のファイバーができ，これをサブエレメンタリーフィブリルと呼ぶ。このサブエレメンタリーフィブリルが数本集まって幅約 4 nm のミクロフィブリルとなり，さらにミクロフィブリルが集合してリボン状のセルロースナノファイバーとなる。すなわち合成酵素複合体がノズルの役割を果たしてセルロース分子鎖の配列を促し，結晶性ナノファイバーが産生される（図3(A)）。また，その際，グルカン鎖（グルコースが縮合重合したもの）の還元性末端を先頭にナノファイバーが排出されると同時に[5]，平行鎖同士でパッキングして，結晶化する（図4）。

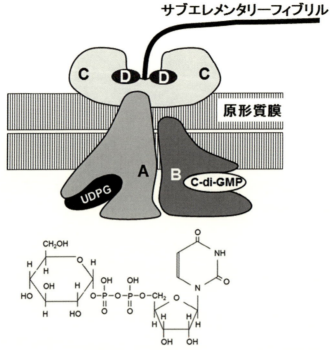

図2 酢酸菌の合成オペロンと4つの遺伝子にコードされた4つのポリペプチドによるセルロースの合成モデル[3,5,6]

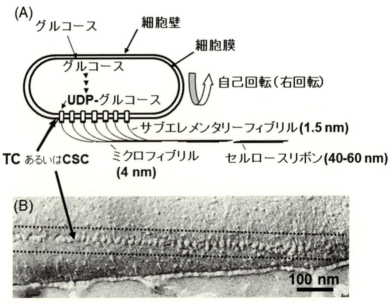

図3 (A)酢酸菌と細胞膜貫通合成酵素から菌体外に産生される階層構造を有するセルロースナノファイバーのモデルと(B)フリーズフラクチャー（凍結割裂）によって観察された酢酸菌TCの電子顕微鏡写真[9]

第8章　ナタデココナノファイバー

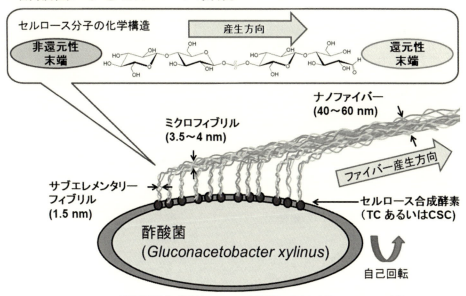

近藤哲男監修，機能性セルロース次元材料の開発と応用，シーエムシー出版(2013)より
図4　酢酸菌による還元性末端を先頭とするセルロース合成概略図

2.2　TCの集合状態とバクテリアセルロースナノファイバー（＝ナタデココナノファイバー）の形状

　なぜナタデココナノファイバーがリボン状の形状を有するのか？　セルロースは，さまざまな生物群で存在が確認されているが，生成されるセルロースミクロフィブリルの形状は生物種によって異なる。これはTC（＝CSC）がそれぞれの生物種によって異なる配列を形成しているためと考えられる。表1にTCと合成されるセルロースミクロフィブリルの構造を示す[8]。TCはその構造によって分類される。原核生物TCは，酢酸菌に見られるようにサブユニットが直線状（リニア）に並び，一方，真核生物のTCは，陸上植物や車軸藻に見られるロゼットTCと藻類（バロニア，オオキスチスなど）で見られる矩形TC，およびホヤ型TCに区別される。表1に示すようにTCの配列パターンに依存して，さまざまなサイズや形状のセルロースミクロフィブリルが合成される。

　酢酸菌のTC（酢酸菌型TC）は，原形質膜上で細胞の長軸方向対角線上に，そのサブユニットが直線型に並んでおり，図3(B)はフリーズフラクチャー（凍結割断法）によって観察された酢酸菌TCの電子顕微鏡写真である[9]。酢酸菌型TCは3つのサブユニットからなっており，サブユニットの数は菌体の長さに依存して12〜70の間で変化する[8]。このTCの直線的な配列によりナノファイバーはリボン状の構造を形成する。また，酢酸菌は，このナノファイバーの噴出の際に[10]，長軸の周りを右回りに自己回転するためセルロースナノファイバーにねじれが生じ，また噴出力の反作用を菌体が受け，噴出方向と反対方向に25℃で約 $2\,\mu m/min$ の速度で走行す

表1 TCの構造とミクロフィブリルの形態[8]

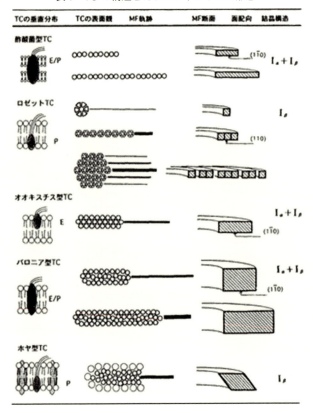

る[11]。このような一連のプロセスによって階層構造を持ったセルロースナノファイバーが形成されていく。さらに，このナノファイバーが3次元のネットワーク構造を形成し，水分含有量が99%以上のペリクルと呼ばれるゲル状膜となる。

3 ナタデココナノファイバー中の結晶構造

天然セルロースの結晶（セルロースI）は，1本鎖の三斜晶$I\alpha$と2本鎖の単斜晶$I\beta$の複合結晶からなり，酢酸菌由来のセルロースナノファイバー（＝ナタデココナノファイバー）中ではこの比が$I\alpha/I\beta = 65/35$である。これらの結晶構造について，繊維表面は$I\alpha$リッチであり，内部では$I\beta$リッチであると考えられている[12,13]。また，このナタデココナノファイバーはセルロース分子のみからなり，極めて高い結晶性（95%以上）を示す100%純粋なセルロースナノファイバーである。上記の$I\alpha/I\beta$の比や結晶化度は由来によって異なり，コットンなど植物細胞壁由来の天然セルロースでは$I\alpha$は約20%かそれ以下であり，結晶化度は約50～60%と低く，さらに木材中ではヘミセルロースやリグニンと複合体として存在している。このように同じ天然セルロースでも$I\alpha/I\beta$の比や結晶性，存在状態が全く異なるため，酢酸菌が分泌するナタデココナ

ノファイバーの特性は植物細胞壁由来セルロースナノファイバーとは別のものとして考える必要がある。

4 セルロースナノファイバーネットワーク体（ペリクル＝ナタデココ）の機能発現

4.1 医療材料

近年，酢酸菌由来ペリクルが医療材料として注目を浴びている。この菌が作るネットワーク構造（ペリクル）が，動物細胞の接着・増殖のための足場としての機能を有するためである。一般的に動物細胞は，接着依存性を有するため足場が無いと生育することができないが，ペリクルは動物細胞の活性を長期間に渡って維持することができる。これは同じセルロースでも，脱脂綿やガーゼとして用いられているコットンセルロースでは発現されない機能である。この機能は，ナタデココナノファイバーの持つ結晶構造やその表面構造と3次元ネットワーク構造を形成したときのペリクルの保水性の高さに関連すると考えられる。

ポーランドのCzajaらの研究では火傷の患者のための創傷被覆剤として実用レベルまで到達している[14,15]。これらの創傷被覆剤として実用化に関する特許および特許出願（抜粋）を表2に示す。また，ドイツのKlemmとSchumannらの研究で，手術時の動脈，神経などの保護に種々の

表2　バクテリアセルロースペリクルの創傷被覆剤として実用化に関する特許および特許出願（抜粋）[15]

Patent Description	Assignee	Patent/Application Number	Filed
Cellulose membrane and method for manufacture thereof	University of Western Ontario, Canada	U.S. Patent 876,400	June 1997
Microbial cellulose wound dressing for treating chronic wounds	Lohmann & Rauscher GmbH	U.S. Patent 7,390,499 U.S. Patent 7,704,523 U.S. Patent 7,709,021	April 2002 April 2003 December 2003
Microbial-derived cellulose amorphous hydrogel wound dressing	Xylos Corporation	U.S. Patent application 10,345,394	January 2003
Microbial cellulose wound dressing for treating chronic wounds	Xylos Corporation	U.S. Patent application 10,864,804	June 2004
Nanosilver-coated bacterial cellulose	Axcelon Biopolymers Corporation	U.S. Patent application 12,226,669	April 2007
Photoactivated antimicrobial wound dressing and method relating thereto	Lotec, Inc., DBA Vesta Sciences Inc., UT-Batelle, LLC	U.S. Patent application 12,034,629	February 2008
Oxidized microbial cellulose and use thereof	Xylos Corporation	U.S. Patent 7,709,631	January 2007
A method of modification of bacterial cellulose membranes	Technical University of Lodz, Poland	PL Patent application 392,480	June 2010

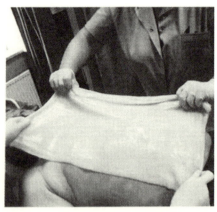 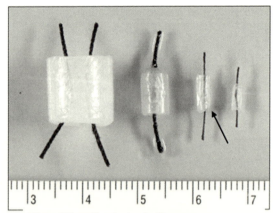

図5 医療分野での応用例としてバクテリアセルロース創傷被覆剤[14]（左）と人工血管[16,17]（右）

サイズに成形可能な酢酸菌由来のBASYC® セルロースチューブの使用が可能となっている[16]。これらは，バクテリアセルロースの生体適合性，コラーゲン類似のマトリックス機能，ナノサイズの多孔質に由来する保水性，および高い機械強度特性などがインプラント剤に適していることに因る[17]。さらに，スウェーデンのGatenholmらは，この菌の独特の培養法により人工血管への応用を検討している（図5）[18,19]。これらの試みの共通点は培養用の容器の形状を任意に変え，その中で酸素および培地を酢酸菌に与えることで，ナノファイバーを産生させ，充填することにより器の形に習った3次元構造体が自動的に構築されるという原理に基づいているということである。

4.2 酢酸菌をナノビルダーとして用いたナタデココナノファイバーの配向制御とパターン化セルロース三次元構造体の構築への展開

任意の3次元構造体を持ったペリクルを作る目的ならば，上述したように目的に即した形の容器の中で酢酸菌を培養すれば可能である。しかし，これらはペリクルの形や大きさに視点が置かれるだけで分泌されるナノファイバーはランダムに堆積しており，その配向などの方向性は考慮されていない。このナノファイバーの堆積方向を制御させるためには分泌している酢酸菌の運動方向を制御する必要がある。そこで著者らは，表面分子配向テンプレートを用いたボトムアップ型の3次元構造体構築法を提案した。これはテンプレートに，酢酸菌の運動を制御させる機能を持たせるもので，最初にネマチックオーダーセルロースフィルム（NOC）に見出された[20〜25]。NOCは，コットンセルロースをLiCl/DMAC溶液に溶解させた後，飽和水蒸気下で数日間静置し，水と溶媒置換することにより得られた透明な水膨潤ゲルを2倍に一軸延伸させた透明なフィ

第8章　ナタデココナノファイバー

ルム状基板である。このフィルム中では，セルロース分子鎖が極めて一軸方向に配向し，非結晶性を有するというユニークな構造を有している。グルコース残基が（1→4）-β-グルコシド結合したセルロース分子では，グルコース残基の水酸基はエカトリアル結合（赤道結合）し，一方で水素原子は炭素原子とアキシアル結合（軸結合）しているので，分子全体を平面的なリボンと考えると垂直方向は疎水面，水平方向は親水面となる。NOC表面において，一軸方向に配向しているグルコース環は表面に対して垂直からわずかに傾いているため，グルコース環の親水性サイトも疎水性サイトもどちらも並んで表面に現われる。その結果，表面には親水性レールと疎水レールが交互に平行に並んで形成されることになる。しかも，このユニークな表面構造は，有機，無機に限らず他の高分子やナノサイズのファイバーをレールに沿って配向吸着させる能力があることが判明した[22〜27]。

NOCレール上で酢酸菌を培養したところ，生合成直後のミクロフィブリルとレールとの間で発生する強い相互作用がアンカー効果（図7）となって菌の動きを制御して，レールに沿って走行させ（図6および7），同時に分泌されたナノファイバーもレールに沿って堆積されることから，足場のパターンを維持したまま，何のエネルギーを加えることなく構造体が自動的に構築された[22〜25,29〜31]。

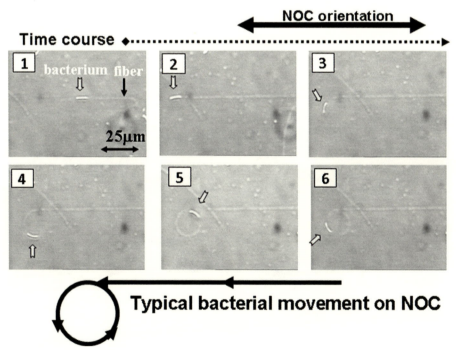

図6　タイムラプスビデオ分析を用いたセルロースナノファイバーを分泌しながらNOC上をレールに沿って走行する酢酸菌の連続光学顕微鏡像[23]
　　酢酸菌は基本的にレールに沿って走行するが，表面構造に欠陥があるとレールから脱線し，スパイラル回転走行を始める。

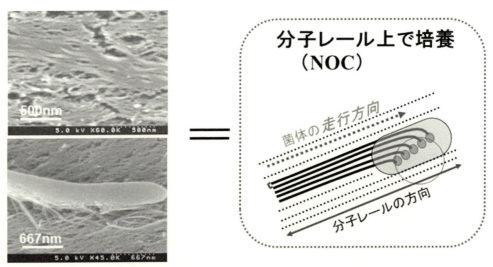

図7 酢酸菌から分泌された直後のサブエレメンタルフィブリルのNOC表面への吸着（FE-SEM像）[30]

次に，NOCと同様に他の物質を配向誘発させながら堆積させる効果が認められている蜂の巣（ハニカム）パターンを有するセルロースフィルム[26]をテンプレートとして同様に酢酸菌の培養を行った。この場合でも，酢酸菌はハニカム骨格に選択的に吸着し，同時に骨格に沿ってナノファイバーを分泌しながら走行することで自動的に3次元ハニカム構造体が構築された[27]（図8）。

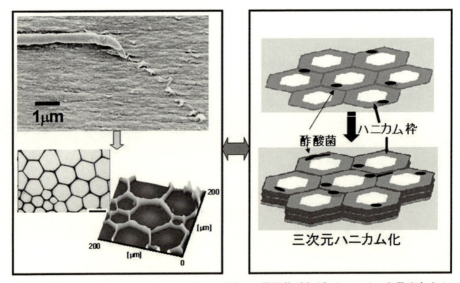

図8 左図は，セルロースナノファイバーを分泌する酢酸菌（右上）とハニカム細孔を有するセルロースフィルム（左下）[28,29]
右図は，ハニカム枠の上でセルロースナノファイバーを分泌・堆積させながら制御走行する酢酸菌の模式図。この繊維の堆積により三次元ハニカム構造体が自動的に出来上がる。

第8章 ナタデココナノファイバー

さらに，セルロースの代わりにキチン分子からNOC構造を作成して同様に培養したところ，NOCとは異なる波型の走行挙動が見られた[30]。いずれにしても，テンプレートと分泌ナノファイバーとの吸着が，酢酸菌の物質生産に起因する自由運動を制御し，そのパターンに依存した3次元構造体を構築させることが可能となった。つまりテンプレートという土台の上に酢酸菌の分泌するファイバーを建材にして，酢酸菌が大工さん（ナノビルダー）となって3次元構造体（家）を建てていくということになる。

では，この家を建てる場合，いかに迅速に建築できるか？　それには，酢酸菌とテンプレートとの間の相互作用の強さやナノファイバーの生産効率が重要な課題となる。酢酸菌の上記テンプレート上で，24℃で約4.5 μm/minで走行し[23]，通常の場合（25℃で約2 μm/min）[11]と比較してはるかに速く運動したことから，ミクロフィブリルとレールとの間の強い相互作用がナノファイバーの生産速度の上昇に関与したものと推定された。すなわち，テンプレートの調製条件や酢酸菌の培養条件の検討を行った結果から，著者らは，走行速度の変化がTCから生合成直後のミクロフィブリルの自己凝集挙動に起因するのではないかと仮定した[29]。

そこで，凝集阻害剤としてセルロース分子に吸着しやすいCMC（カルボキシメチルセルロース）を培地に添加し，生産直後のミクロフィブリルをイオン性表面とすることにより，相互反発させて凝集しにくくし，それによる菌の走行速度の変化を検討した[31]。CMCはミクロフィブリルの凝集を阻害し，分子量（=DP）や置換度（=DS）によって生合成されるミクロフィブリルの太さに影響を与えることが報告されている[32,33]。最も走行速度が速かったNOC上で，添加CMCの分子量や置換度，濃度を変えたところ，テンプレートとファイバーの相互作用の強さが強いと考えられる条件のとき，酢酸菌の運動速度が速くなった。このことは，ファイバーの自己凝集が走行速度に関与し，生産速度にも関与することを示唆している[31]。また，得られた3次元構造体に，さらに構造パターンに起因する機能を付与することができれば，高結晶性ナノファイバーから成っていることも併せて，十分な強度を持ち，生分解性，生体適合性もある新規機能性材料として期待できる。

5 水中カウンターコリジョン（ACC）法によるシングルナタデココナノファイバーの創製

ペリクルは，セルロースナノファイバーが架橋したネットワーク構造をしており，ファイバー1本の性質というより，ネットワークとしての全体構造が，その材料の特性として検討されてきた。このペリクルを解離させて，シングルナノファイバーまでバラバラにすると，ナノファイバー1本の性質が発現された材料デザインができるようになる。

一方，著者らは，水に不溶な天然セルロース繊維を，水中でナノレベルにいたるまで迅速に微細化・ナノ分散させ，半透明な水分散液の調製を可能にする水中カウンターコリジョン（水中対向衝突：ACC法　Aqueous Counter Collision）法を開発した[34,35]。この手法は，天然セルロース

繊維を水に懸濁させ，チャンバー中で相対する二つのノズルに同時に分けたのち，両方から一点に向かって噴射，衝突させる技術である（図9）。このとき，噴出ジェット水（クラスター）の持つ運動エネルギーが，対向して噴出してくる懸濁水中の試料との衝突により熱力学的エネルギーとして試料中に伝播され，弱い分子間相互作用が優先的に開裂することになる。衝突圧や衝突回数を制御することにより，ファンデルワールス力などの弱い分子間相互作用の選択的開裂または開裂の程度を制御することも可能となる。この手法をセルロースマイクロ繊維（パルプ）に適用した場合，パルプを構成するナノファイバー間ならびに分子間の弱い相互作用が優先的に開裂する結果，10〜15 nm（生物種により異なる）のACC-ナノセルロースが水中に分散するだけでなく，ACC法の処理条件を調節すれば，同じ生物素材からさまざまな形態のナノファイバーが製造される。実験室的には，この装置は液体循環型となっており，液体内に微粒子を分散させた後，その液体を等量に分けて，それぞれをプランジャーで加圧し，高圧下でノズルより噴射し，対向衝突させる（図9）。天然微結晶セルロース繊維（フナセル©）10 gを純水 800 mlに懸濁させた後，衝突回数を変えて，衝突圧 200 MPa（2000気圧），衝突速度マッハ2で，それぞれ処理したところ，処理前のセルロース／水懸濁液は相分離するが，処理後は相分離せずに安定となった。また，衝突回数の増加に依存して繊維の細分化が進行し得られる繊維幅の調節が可能であった。しかも，このような高圧をかけながらも，セルロースの化学構造や重合度は変化しないことが確認されている[35]。このように，ACC処理は，セルロースをナノファイバーまで微細化し，

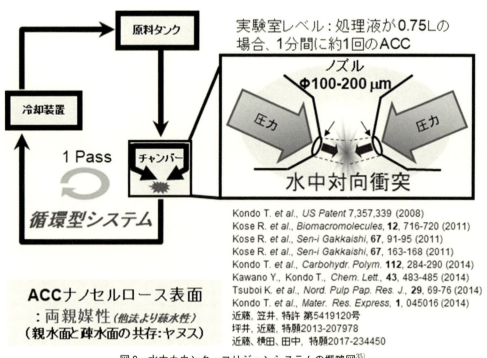

図9 水中カウンターコリジョンシステムの概略図[35]

第 8 章 ナタデココナノファイバー

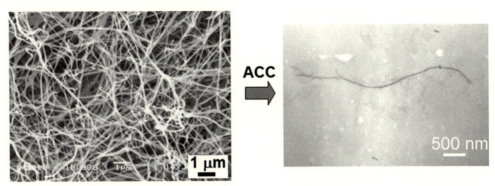

図10 ペリクル(左)と ACC 法で得られたフィブリル化がみられるシングルナノファイバー
(ナノセルロース)(右)[36]

最終的に半透明の分散液を与える。

次にナタデココペリクル(図10左図)を原料にして ACC 処理した結果,水中で安定的に分散する一本一本バラバラになったナタデココナノファイバーが創製された[36](図10右図)。しかも,このシングルナノファイバーには,フィブリル化が認められ,疎水性樹脂や親水性表面の両方に予想をはるかに上回る極めて強い吸着力を示した。このナタデココナノファイバーをろ紙上に塗布すると,親水性表面の性質を,耐水性,耐油性へと変換し,一方 PET などの疎水性表面では,コーティングにより親水性へと転換させるというユニークな両親媒性挙動を示すことを見いだした[37]。この現象は,ACC 法で得られたナタデココナノファイバー表面が両親媒性の面をもつことを示唆し,また,生じた数十ナノからナノ程度毛羽立ちが階層的にフラクタル的樹形図のようになっていることにも起因すると考えられる。セルロースナノファイバーの両親媒性天然コーティング剤としての可能性も示された[38]。さらに著者らは,ACC チャンバー(図9)内で,ポリ乳酸(PLA)やポリビニルアルコール(PVA)とナノ複合化すると(On-site ACC),このナタデココナノセルロースが PLA や PVA の結晶化の足場になり,結晶核剤として機能することを見出している[39,40]。

6 おわりに

本章では,生物由来のナノファイバーの中で,酢酸菌由来のナタデココナノファイバーの機能発現について最近の知見をまとめた。セルロースはさまざまな生物により作り出されていることを述べたが,マイクロビアルセルロースは,微生物を培養することで得られ,細菌である酢酸菌に代表されるように,菌体外に不純物をまったく含まない高結晶性セルロースナノファイバーとして産生されることから,経済性を問われなければ,極めて扱いやすい天然素材とみなされる。このセルロースナノファイバーはペリクルとしても,また,著者らの ACC 法などでバラバラにされたシングルナノファイバーとして応用されるにしても,従来のセルロース材料とは極めて異

なる性質を有することが予想される。このセルロースナノファイバーについては，これまで長い間ボトムアップ型での材料創製のための研究が展開されてきたが，トップダウン型ナタデココナノファイバーとしてはまだその途についたばかりで，更なる検討が必要である。天然が恵んだナノ素材として，このセルロースナノファイバーはまだまだ大きな可能性を秘めており，今後，いっそう広い分野で材料開発が発展していくことになるであろう。

文　　献

1) 伊東隆夫，セルロースの事典，セルロース学会編，p. 70，朝倉書店（2000）
2) S. Hesrtin, M.Schramm, *Biochem. J.*, **58**, 345 (1954)
3) H. C Wong et al., *Proc. Natl. Acad. Sci. USA*, **87**, 8130 (1990)
4) I. M. Sexena et al., *Plant Mol. Biol.*, **15**, 673 (1990)
5) G. Volman et al., *Carbohydr. Eur.*, **12**, 20 (1995)
6) S. Kimura, T. Kondo, *J. Plant Res.*, **115**, 297 (2002)
7) M. Koyama et al., *Proc. Natl. Acad. Sci. USA.*, **94** 9091 (1997)
8) 奥田一雄，空閑重則，セルロースの事典，セルロース学会編，pp. 62-64，朝倉書店（2000）
9) S. Kimura et al., *J. Bacteriol*, **183**, 5668 (2001)
10) C. Heigler, R. M. Brown, Jr., *Science*, **210**, 4472 (1980)
11) R. M. Brown, Jr. et al., *Proc. Natl. Acad. Sci. USA*, **73**, 4565 (1976)
12) T. Imai, J. Sugiyama, *Macromolecules*, **31**, 6375 (1998)
13) N. Hayashi et al., *Carbohydr. Polym.*, **61**, 191 (2005)
14) W. K. Czaja et al., *Biomacromolecules*, **8**, 1 (2007)
15) S. Bielecki et al., *Bacterial NanoCellulose: A Sophisticated Multifunctional Material*, M. Gama, P. Gatenholm and D. Klemm ed., Chapter 8, pp. 157-174, CRC press (2013)
16) D. Klemm et al., *Prog. Polym. Sci.*, **26**, 1561 (2001)
17) D. Klemm et al., *Bacterial NanoCellulose: A Sophisticated Multifunctional Material*, M. Gama, P. Gatenholm and D. Klemm ed., Chapter 9, pp. 175-196, CRC press (2013)
18) A. Bodin et al., *Biotechnology and Bioengineering*, **97**, 425 (2007)
19) P. Gatenholm et al., *Bacterial NanoCellulose: A Sophisticated Multifunctional Material*, M. Gama, P. Gatenholm and D. Klemm ed., Chapter 10, pp. 197-216, CRC press (2013)
20) E. Togawa, T. Kondo, *J. Polym. Sci., B; Polym. Phys.*, **37**, 451 (1999)
21) T. Kondo et al., *Biomacromolecules*, **2**, 1324 (2001)
22) T. Kondo, *Cellulose: Molecular and Structural Biology*, R. M. Brown, Jr. and Inder M. Saxena ed., p. 285, Springer (2007)
23) T. Kondo et al., *Proc. Natl. Acad. Sci. USA*, **99**, 14008 (2002); T. Kondo: *Nature Scienceupdate*: Bugs trained to build circuit, October 8 (2002), http://www.nature.com/nsu/021007/021007-1.html

第8章　ナタデココナノファイバー

24) T. Kondo, *Bacterial NanoCellulose: A Sophisticated Multifunctional Material*, M. Gama, P. Gatenholm and D. Klemm ed., Chapter 6, pp. 113-142, CRC press (2013)
25) T. Kondo, *Bioinspired Materials Science and Engineering*, Y. Guang ed., Part I Biofabrication, Chapter 5, pp. 83-102, Wiley (2018)
26) K. Higashi and T. Kondo, *Cellulose*, **19**, 81 (2012)
27) T. Seyama, E-Y. Suh and T. Kondo, *Biofabrication*, **5**, 025010 (5pp) (2013)
28) W. Kasai, T. Kondo, *Macromol. Biosci.*, **4**, 17 (2004)
29) T. Kondo, and W. Kasai, *J. Biosci. Bioeng.*, **118**, 482 (2014)
30) T. Kondo, W. Kasai, and M. Nojiri *et al.*, *J. Biosci. Bioeng.*, **114**, 113 (2012)
31) Y. Tomita, T. Kondo, *Carbohydr. Polym.*, **77**, 754 (2009)
32) G. Ben-Hayyim, I. Ohad, *J. Cell Biol.*, **25**, 191 (1965)
33) A. Hirai *et al.*, *Cellulose*, **5**, 201 (1998)
34) T. Kondo *et al.*, US Patent No. 7,357,339
35) T. Kondo *et al.*, *Carbohydr. Polym.*, **112**, 284 (2014)
36) R. Kose, I. Mitani, W. Kasai and T. Kondo, *Biomacromolecules*, **12**, 716 (2011)
37) R. Kose, W. Kasai, and T. Kondo, *Sen'i Gakkaishi*, **67**, 163 (2011)
38) 近藤哲男ら，日本特許第5690387号
39) R. Kose, T. Kondo, *J. Appl. Polym. Sci.*, **128**, 1200 (2013)
40) G. Ishikawa and T. Kondo, *Cellulose*, **24**, 5495 (2017)

第9章 ナノセルロースの分析・評価法

秀野晃大*

1 はじめに

　セルロースナノファイバー（Cellulose Nanofiber：CNF）と命名されたナノセルロースは，2000年頃から京都大学矢野教授らにより見出され[1]，高機能先端素材として急速に注目を集めている。2006年には，東京大学磯貝教授らが，2,2,6-tetramethyl-1-piperidinyloxy（TEMPO）を酸化触媒として用いて，セルロースミクロフィブリル表面のC6位水酸基に選択的にカルボキシ基を導入し，荷電反発と浸透圧効果を発現させることで，解繊エネルギーを大きく減少させ，幅約3nm程度のシングルナノファイバーの調製法として確立した[2]。その後，TEMPO酸化CNFは，企業で実用化されると共に川下企業にも波及し，TEMPO酸化CNFを用いたゲルインクペンや，オムツなどが上市されている[3]。

　北米などでは，針状のセルロースナノクリスタル（Cellulose Nanocrystal：CNC）に関する研究開発が活発に行われており，2012年にはカナダでCNCのスプレードライ粉末のパイロットプラントが建設されている[4]。

　デジタル化と少子化の影響で，洋紙の需要が下落傾向の国内製紙会社にとって，同じ原料の木材パルプから調製できるCNFは魅力的な新素材であり，国内の製紙会社は個々にCNFに関する研究開発を活発に行っている。

　国際的にCNFやCNCの研究開発が進むにつれ，標準化の必要性が叫ばれるようになってきており，米国や日本で国際標準化機構（International Organization for Standardization：ISO）に向けた取り組みが行われている。標準化には，その特性を計測，キャラクタリゼーションする必要があり，分析手法の選択が重要である。本章では，現在までに提案されているCNFやCNCの分類を紹介した上で，それらの物性と分析手法についてふれ，これまでの分析事例を紹介する。また，CNFに関する分析での課題や，今後求められる分析手法について述べる。

2 ナノセルロースの分類

　ナノセルロースには，大きく分けてCNC，糸状のCNFに分けることができる。CNFはさらに，大きく3～4種類程度に分類できるが，厳密な定義は現段階で定まっていない（図1）。しかし，上述のようにナノセルロースの開発が進むにつれ，国際標準化の必要性が叫ばれるように

＊ Akihiro Hideno　愛媛大学　社会連携推進機構　紙産業イノベーションセンター　講師

第9章 ナノセルロースの分析・評価法

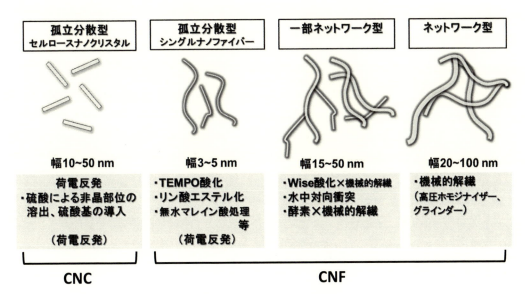

図1 ナノセルロースの種類

なってきた。2010年，米国紙パルプ技術協会（TAPPI）は，ナノセルロースをサイズや表面電荷などによって分類し，国際規格化に向けたロードマップを発表している[5]。これらの分類や標準化はCNCに有利と言われており，日本でもCNFの国際標準化に向けた委員会が発足し，米国の委員会と意見交換などをしている。このロードマップの中で，ナノセルロースの分類は，物性の違いで示されているが，物性は主に原料と製造法に依存する。CNCの調製法は，64％程度の硫酸にセルロース繊維を浸漬し，非晶部位を溶出することで，結晶性部位のみを抽出すると共に，表面を硫酸基で修飾することで，荷電反発をおこし，ナノ化する[6]。このようなCNCは，幅が10～50 nm程度で，長さが125～500 nm程度の針状となり，表面電荷は負電荷で，コロイドのようにふるまう。一方で，シングルナノファイバーのCNFは，TEMPO酸化により，セルロースミクロフィブリル表面のC6位水酸基に選択的にカルボキシ基を導入する事によって，荷電反発と浸透圧効果を発現し，軽微な解繊で，Ⅰ型結晶を保持したまま，幅約3 nm程度で長さ500 nm～数μmの糸状のナノファイバーとなる[2]。TEMPO酸化CNFの幅は可視光の波長に比べて十分に細く，その水分散体は透明である。厳密な比較がなされているわけではないが，TEMPO酸化CNFは，CNCの幅より細く，官能基が天然のセルロースと一部異なっているものの，結晶性セルロースの中で最小単位と考えられる。TEMPO酸化CNFの発表以後，リン酸化エステル化処理[7]や，無水マレイン酸処理[8]などが発表されており，いずれもセルロースミクロフィブリル表面に負電荷を導入し，荷電反発を利用した手法となっている。次に，酵素を利用した手法があり，エンドグルカナーゼ（セルラーゼの1種）と機械的解繊を組み合わせて調製されたCNFの幅は，約5～6 nm程度で比較的均質で繊維長の長いCNFを得ることができると報告されている[9]。その後，酵素と機械的解繊処理を組み合わせた手法は，北欧の製紙会社でパイロッ

トプラントが建設されている[10]。他には，木粉を Wise 酸化による脱リグニン処理をした後，アルカリ処理によってヘミセルロースを除去し，グラインダーで解繊すると幅約 15 nm 程度の半透明なゲル状の CNF スラリーが得られると報告がある[11]。また，水中対向衝突によって調製された CNF があり，幅 10〜30 nm 程度とされる[12,13]。これらの CNF は，部分的に枝分かれ構造が残っている。さらに多くの枝分かれ構造が残存している CNF として，機械的解繊のみで調製された CNF があり，幅は 20〜100 nm と，バラツキが大きく，太い部分ではサブミクロンの繊維束が残っているものもある。現段階で，全て CNF と総称されているが，その形状や物性は異なっている。

最近，カナダおよび米国から，CNC の特性評価（ISO/TC229/JWG2）およびナノセルロースに関する用語（ISO/TC229/JWG1）の提案が行われたことを受け，国内でも産総研がナノセルロースの国際規格の第一弾として，ISO/TC6（紙，板紙，パルプ）と TC229（ナノテクノロジー）に対して提案する動きが出ている[14]。

ナノセルロースの国際標準化に関連して，「Cellulose elementary fibril samples」の特性評価に関する規格提案は，経済産業省国際標準化推進事業で設置されている ISO 規格原案検討委員会で進められている。検討委員会は，ナノセルロースフォーラム内に設置された特性評価・測定分科会などの協力を得ており，「Cellulose Elementary Fibril 分析方法（最終案）」として 2016 年 7 月に提出している[15]（ナノセルロースフォーラムホームページ）。ここで記載のある CNF 標準化のサンプルの「Cellulose elementary fibril samples」は，品質にバラツキが少なく，1 本 1 本が独立し，CNF 単繊維のキャラクタリゼーションが可能な孤立分散型のシングルナノファイバーを指しており，具体的には TEMPO 酸化 CNF などである。国際標準化への取り組みによって，孤立分散型 CNF が第一段階として，明確に定義されると考えられる。

3 分析項目と測定法

先述の TAPPI が発表したロードマップに関する資料には，ナノセルロースの分類毎に，重要な物性と測定技術や優先順位などが示されている（表 1）[5]。まずはファイバー形状が重要であり，サイズや分布，分岐度を項目としてあげ，分析技術としては，原子間力顕微鏡（Atomic Force Microscope：AFM），走査型電子顕微鏡（Scanning Electron Microscope：SEM），透過型電子顕微鏡（Transmission Electron Microscope：TEM）などの形態を観察する手法や，分光法を用いた手法が紹介されている。次に，ナノセルロースの表面化学特性が挙げられており，表面の官能基を測定する手法として，フーリエ赤外線分光光度計（Fourier Transform Infrared Spectroscopy：FT-IR）や核磁気共鳴装置（Nuclear Magnetic Resonance：NMR），ラマン分光光度計などが列挙され，表面電荷を測定する手法としては，ゼータ電位計が提案されている。表面化学と同様に重要な物性として，結晶性があり，X 線回折装置（X-Ray Diffraction：XRD），広角 X 線回折装置（Wide Angle X-ray Diffraction：WAXD），小角 X 線散乱（Small Angle X-ray

第 9 章　ナノセルロースの分析・評価法

表 1　ナノセルロースの重要な物性と測定技術[5]

物性	測定技術	優先順位
ファイバー形状 ・サイズ ・分布 ・分岐度	・透過分光法（UV/VIS） ・AFM, SEM, TEM ・光学顕微鏡 ・粘度	1
表面化学	・官能基（FT-IR, NMR, ラマン分光法） ・ゼータ電位　　など	2
結晶化度	・XRD, WAX, SAXS, ラマン分光法 ・IR, 固体NMR, TGA	2
ナノ物質の定量	・遠心分離による分画	3
レオロジー	・低剪断粘度（B型粘度計の改良） ・濾水度	3
溶存コロイド物質	・CE, SEC, HPLC ・AFM, SEM, TEM	3
比表面積	・SAXS, ガス吸着法	4

文献 5）Y. Boluk et al., "Roadmap for the development of international standards for nanocellulose", pp. 1-33, TAPPI (2011) より翻訳，引用

Scattering：SAXS）装置，ラマン分光法，IR，固体 NMR など種々の測定法が記載されている。その他，測定技術と重要な物性として，E 型粘度計や濾水度で測定するレオロジー，粘度法や多角度光散乱検出器を装着したサイズ排除クロマト装置（Size Exclusion Chromatography-Multi Angle Light Scattering：SEC-MALS）で測定する分子量，ガス吸着法で測定する比表面積などがある。ナノ物質の定量法としては，遠心分離による分画が提案されている。

一方，国内のナノセルロースフォーラムを事務局として取り纏められた分析方法は，先述の「Cellulose Elementary Fibril 分析方法（最終案）」[15]であり，詳細はこちらを参照されたい。現在，ナノセルロースフォーラムで立ち上げられた標準化委員会で，本案をベースに更に議論され，修正が加えられる可能性があり，最新情報に注意を払う必要がある。

CNF の分析には，国際標準化などに用いるための精緻な手法の他に，製造現場で品質を確認するための簡易手法が求められる。CNF の製造企業がどのような品質管理を行っているかは不明であるが，現場もしくはその近くで短時間に測定する手法を適用している可能性が高い。CNF の分析は，これまでに培われたセルロースの分析法が基盤となっているが，ナノファイバーを分析するため，先述のようにナノオーダーを測定できる手法や，電荷などのナノ化の指標となる項目を測定する手法が求められる。国際標準化の過程で，ISO 推奨の分析手法が決定されれば，CNF 製造品の品質を推奨分析法で担保しておき，日常の製造工程における品質管理は，別途，その推奨法に紐付けられた簡易法を適用することになると推測される。

次に，ナノセルロースの用途開発で必要な分析技術であるが，用途開発毎に求められる物性や

測定技術が異なる。例えば，自動車部材の補強材を目的としたCNFおよび樹脂のコンポジットを開発するのであれば，樹脂中へのナノセルロースの分散性や，引張強度や衝撃強度などの強度特性，さらに難燃性なども調べる必要がある[16]。分散性は，偏向顕微鏡や，X線CT，強度特性については，万能試験機や，衝撃試験機，難燃性については燃焼試験機を用いるなど，一つの用途について，複数の分析項目があり，最終的にはJISまたはISOで決められた製品の品質をクリアする必要がある。また，ナノセルロースを増粘剤として化粧品や食品に用いるのであれば，レオロジー特性に加えて，安全性や保存性なども調査する必要があり，分析項目も多い。本章ではナノセルロース製品に関連する分析詳細については，専門書に譲り，省略する。

4 個別事例

4.1 分光法によるナノセルロースの計測

TAPPIのロードマップにおいても優先順位の高い手法として，分光法が提案されている[5]。分光法でCNFを分析する際に考えられる項目として，①分散性（透過率），②濃度（吸光度や濁度），③リグニン分解物などの夾雑物（紫外光），④官能基や還元性（呈色反応）等が考えられる。透過光をCNFの分散性に適用した例として，溶媒中におけるTEMPO酸化CNFの分散性を600 nmの透過率で確認し，溶媒の種類とTEMPO酸化CNFのカウンターイオンとの関係について調査した研究[17]や，種々の塩濃度に対するCNFの凝集・分散性について多重散乱光を用いて評価した研究例[18]がある。

CNFの呈色反応に関しては，意外にも研究例が少ないが，CNFの還元性について 2,2'-bicinchoninate（BCA）法（呈色反応）を用いた筆者の研究例をあげる。タンパク質の定量法の一つに，タンパク質の有する銅イオンの還元能をBCA試薬の呈色反応によって評価する手法がある（図2）[19]。セルロースの分子鎖は，アルデヒド基の還元末端を有しており（図3），同様の原理で呈色反応が可能である[20]。同じ濃度であれば，長繊維セルロースの還元末端数は，短繊維のそれと比べて少ないと考えられる。そこで，市販されている繊維長の異なるCNFについて，BCA法を用いて呈色した後，560 nmの吸光度を測定し，還元末端グルコースとして算出したところ，繊維長によって還元末端数が異なり，繊維長の長いCNFは還元末端数が少なかった（図

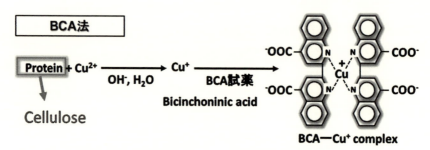

図2　BCA法を利用したナノセルロースの還元末端測定

第9章 ナノセルロースの分析・評価法

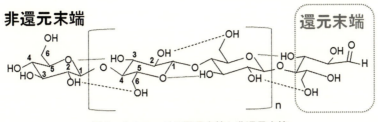

図3 セルロースの還元末端と非還元末端

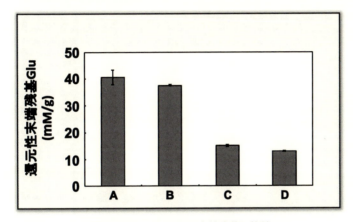

図4 市販CNFの還元末端残基の比較

4)。さらに，同様の試料について，SEC-MALLSで得られた分子量とも相関があり（data not shown；愛媛県産業技術研究所西田氏より提供），CNFの平均繊維長や分子量の目安になることが示された。煩雑な工程は殆どなく，試薬さえ調整していれば，30分間程度で測定できるため，製造現場での簡易測定に向いている手法と考えられる。呈色反応後，分光光度計で測定するのが望ましいが，pH試験紙のように，呈色を目視で判別できるようにしておけば，製造段階の目安になるだろう。ただし，TEMPO酸化CNFのように，還元末端のアルデヒド基がカルボキシ基に酸化されている場合は，その部分が呈色されず，全体的に低い吸光度となる。逆にセルロース以外で還元性を有する物質が混入しているCNFであれば，見かけの還元末端数を多く見積もってしまうため，適用可能なCNFの種類が限定される。

4.2 ナノセルロースの形態

　他のセルロース試料と異なるCNFの最大の特徴は，そのサイズと形状である。したがって，CNFの分析で最初に行われるのは，TEMやSEM，SPMなどを用いた観察である。得られた観

察画像を用いて，CNFの幅および繊維長が測定でき，平均的なサイズおよび形状を求めることが可能となる。先述のTAPPIのロードマップでも最も優先順位が高い[5]。TEMについては，試料断片の作成から染色工程などの前処理が煩雑で，観察に専門的な技術を要するものの，CNFの幅および長さを正確に測定するのに適しており，CNFの分類に重要なデータを与える。AFMに関しては，高解像度の画像を得るにはプローブの走査に時間がかかるものの，試料の前処理が不要である。平滑な表面の天然マイカの薄片を試料台とし，CNFスラリーを希釈・乾燥するだけで観察可能であり，CNFの高さおよび長さも測定でき，表面の固さも比較できる。但し，AFMの場合，高さ方向においては正確性が高いものの，カンチレバーの先端形状の影響により，横方向（幅）方向の精度は高くないという指摘があり[21]，高さ測定によって，CNFの幅を計測すると良いとされている[22]。

　これらの観察には，試料の乾燥が必要である。通常，CNFの水分散体をそのまま熱乾燥すると，CNF同士が水素結合によって強固に凝集してしまうため，観察には適さない。孤立分散型のCNCやCNFをTEMやAFMで観察する場合，ネットワーク構造ができず，ナノファイバー同士が凝集しない程度に希釈し（0.0001～0.005%），乾燥することで，観察が可能となる。先述の「Cellulose Elementary Fibril分析方法（最終案）[15]」によれば，ここで得られた画像から画像処理ソフトウェアを用いて，CNFの幅および繊維長の計測を行う。幅については合計30本，長さについては，合計150本の繊維を測定すると記載されている。長さについては，繊維の両端が画像に収まっている必要があり，150本の本数を計測するのは手間がかかる。自動計測も良好な結果が得られれば，可とされているが，実際は画像を目視で判断するケースが多いのではないだろうか。今後は，画像解析にディープラーニングが応用されることで，自動計測の精度が増すことを期待したい。なお，ナノセルロースのアスペクト比に関しては，水中で孤立分散しているCNCやTEMPO酸化型のシングルCNFなどであれば，実験によって求められた経験式を用いて，固有粘度からアスペクト比の平均値が求められるという知見があり，平均値として繊維長の値が得られる[23,24]。

　SEMによる形態観察に関しては，エタノール，t-ブチルアルコールに順次置換後，凍結乾燥を行うことで，繊維同士の凝集を極力抑えた試料の乾燥が可能となる。SEMの機器としては，電界放出形電子顕微鏡（Field Emission Scanning Electron Microscope：FE-SEM）が分解能の高さと操作性の良さなどから汎用的にCNFの観察に用いられている。高分解能で観察するには，試料に導電処理が必要である。繊維状の試料には，繊維の裏まで回り込んでコーティングできる四酸化オスミウムが適しているため，白金コーターに加えて，繊維を扱うところでは，四酸化オスミウムコーターも良く用いられる。なお，コーターの条件を検討することで，白金または四酸化オスミウムの膜厚を調整することが可能である。CNF試料を四酸化オスミウムでコーティングし，FE-SEMで観察した柑橘果皮由来CNFの画像を図5に示す。図5では，約4nm程度の膜厚で四酸化オスミウムをコーティングしているため，CNFの幅は，コーティング層の厚さ約8nm程度を差し引くことで概算できるが，正確なCNFの幅や繊維長は，TEMやAFM

第9章　ナノセルロースの分析・評価法

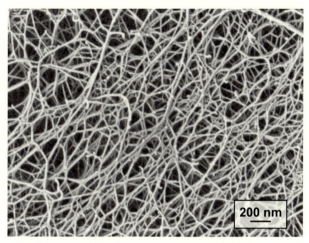

図5　柑橘果皮由来CNFの電子顕微鏡画像

で測定する必要がある。

　上記のように観察装置毎に試料の前処理や乾燥方法を調整する必要がある。しかし，CNF調製時の状態，すなわち水分散体の状態を再現できているという確証はない。CNFの水分散状態を評価する手法として，レーザー回折・散乱法を利用した粒度分布測定装置による簡易測定[25]などが提案されている。装置に内蔵されている超音波を照射することで凝集塊を分散し，繊維長の傾向も確認できると報告されている。本装置で得られた測定値は，高い精度を有するものではないものの，CNFの凝集性や繊維長の目安になると考えられる。CNFの水分散状態を正確且つ簡便に観察・測定可能な機器開発の進展が一層望まれる。

4.3　ナノセルロースの結晶性

　天然セルロースの結晶形は，セルロースⅠであり，ⅠαとⅠβの混合物であることが示されている[26,27]。ナノセルロースの文献で，ⅠαとⅠβが物性に与える影響について調べている例は多くないが，水中対向衝突法で調製されたCNF表面は，ⅠαからⅠβリッチになると考えられている[12,13]。また，シオグサのセルロースを酵素処理することで，Ⅰβのナノエレメントを生成したなどの報告がある[28]。

　現在，種々のナノセルロースが発表されているが，ナノセルロースの熱安定性や強度特性を利用する場合，セルロースⅠの結晶を保持した状態でナノ化されているナノセルロースが望ましい。セルロース溶剤や強アルカリを用いれば再生セルロースとしてセルロースⅡに変態する。また，過度な解繊処理は，セルロースⅠの結晶を破壊し，非晶領域を増大させてしまう。セルロースⅡのナノファイバーや，非晶セルロースの利用に関する研究例[29,30]もあるが，結晶型の違いや，結晶の有無によって物性が異なり適切な用途も異なってくるため，ナノセルロースを調製した後，結晶性を分析しておく必要がある。先述の「Cellulose Elementary Fibril分析方法（最終案）」

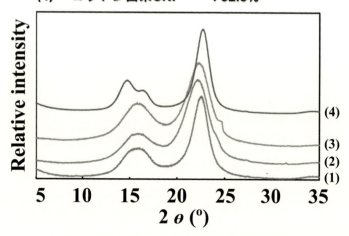

図6　CNFのXRDスペクトル例および結晶化度

では，NMR装置を用いた ^{13}C-固体NMR測定が記載されている[15]。他方，粉末XRD測定装置を用いた結晶型の同定および結晶化度の測定もよく用いられている[31,32]。各CNFのXRDスペクトラムを図6に示す。数値は，スペクトラムから(1)式[33]によって算出した結晶化度を示している。また，結晶のサイズは，(2)式のScherrerの式[34]を用いて算出できる。ナノセルロースの結晶化度に与える因子として，セルロースの周囲に付着しているヘミセルロースおよびリグニン分解物などの非セルロース物質と，非晶セルロースの割合の大きく二つがある。前者に関しては，パルプの種類や精製条件が影響し，後者は主に解繊時における損傷や乾燥工程などが影響する。

$$\mathrm{CrI}(\%) = [(I_{002} - I_{am})/I_{002}] \times 100 \tag{1}$$
$I_{002}：2\theta = 22.5°，I_{am}：2\theta = 18.7°$

$$\text{Crystal size } (L_{hkl}) = K\lambda/\beta_{hkl} \cdot \cos\theta_\beta \tag{2}$$
K：Scherrer constant, λ：X-ray wavelength

4.4　ナノセルロースの組成分析

　国内のCNFに関する研究開発が活発になるにつれ，各社からCNFのサンプル提供や販売が行われるようになっている。冒頭に述べたように，現段階では様々なサイズや形状，表面化学特性が存在し，CNFの定義も定まっていない。製紙会社は，紙と同じ原料であるパルプからCNFを調製しているが，パルプの組成は100％セルロースではなく，ヘミセルロースも約10％程度含んでいる。また，リグノCNFという名称で，リグニンも含んでいるものもある。親水性や疎水

第9章 ナノセルロースの分析・評価法

性，樹脂との親和性など，非セルロース成分が関与しうる性質も大きいため，CNF の化学組成を調べておく必要がある。CNF の化学組成で大きな割合を占めているのは，セルロースおよびヘミセルロースなどの多糖であることから，構成糖分析を行うことが多く，先述の「Cellulose Elementary Fibril 分析方法（最終案）」でも記載されており，原著は NREL から報告されている[35]。方法概略は，試料を72％硫酸で一次加水分解（30℃）した後，4％程度に硫酸を希釈し，120℃，1時間のオートクレーブ処理によって二次加水分解した後，中和し，示差屈折率検出器もしくは蛍光検出器を装備した高速液体クロマトグラフィー（HPLC）を用いて，中性糖である(D)-グルコース，キシロース，マンノース，ガラクトース，アラビノースなどの単糖や，セロビオース，キシロビオースの2糖を測定する。

　分析例として，柑橘果皮由来 CNF 調製段階における構成糖分析結果を，図7に示す。煮沸処理，アルカリ処理，ペクチナーゼ処理，ペクチナーゼ処理および希アルカリ処理と，ペクチンおよびヘミセルロースの除去を進めるにしたがって，セルロース由来のグルコースの割合が増加しており，セルロースの純度を比較することが可能であった。

　なお，大部分のグルコースはセルロース由来であるため，得られたグルコース濃度に 0.9 を乗じれば，セルロース濃度が概算できる。その他の 6 炭糖（マンノース）には 0.9 を，5 炭糖（キシロース）には 0.88 を乗じ，多糖換算を行う。しかし，本手法は単糖に加水分解するため，セルロース由来のグルコースと，グルコマンナンなどヘミセルロース由来のグルコースが区別できない。CNF に含まれるヘミセルロース由来のグルコースは微量と考えられるが，その他の分析法と組み合わせて評価するのが望ましい。

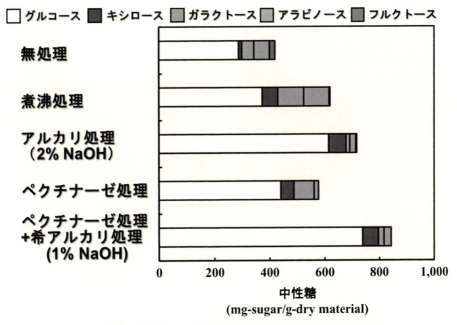

図7　柑橘果皮由来 CNF 調製段階の試料における構成糖分析結果

筆者の体験から，セロビオースやキシロビオースは，硫酸による加水分解の目安となり，全く検出されなければ，加水分解が行き過ぎていることが多く，予想より相対的にピークが大きければ，二次加水分解が不十分であることが多い。なお，セロビオース濃度が 3 mg ml^{-1} 以上であれば，加水分解が不十分である可能性を疑うという報告もある[36]。その場合，紫外可視分光検出器を直列にした HPLC を用いて，過分解物の 5-HMF やフルフラールも測定しておけば過分解の様子がわかる。なお，NREL 法では，グルコースなどの単糖と希硫酸をオートクレーブし，過分解することで，二次加水分解におこる過分解量を補正している。

4.5 ナノセルロースの熱分析

CNF の用途として，樹脂の補強材がある。樹脂に CNF を混ぜることで軽量化・高強度化を達成すると共に化石資源由来の材料を天然繊維に置き換えることができるが，通常 120～270℃前後で樹脂混練が行われるため，混練時におこる CNF の着色や熱分解が問題となる。熱分析は，熱分解挙動を把握する上で有用な分析法であると共に，複数の成分からなる有機物を特徴付けるのに有用な分析法の一つと考えられている[37]。

各種 CNF の熱分解重量減少率および熱分解重量減少速度を図 8 に示す。CNF の熱分解挙動

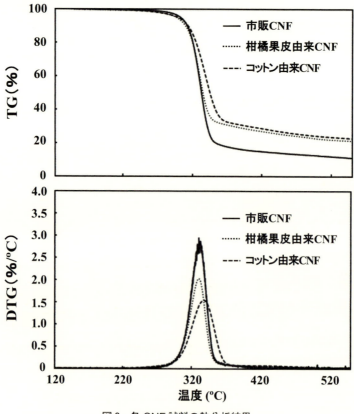

図 8　各 CNF 試料の熱分析結果

第 9 章　ナノセルロースの分析・評価法

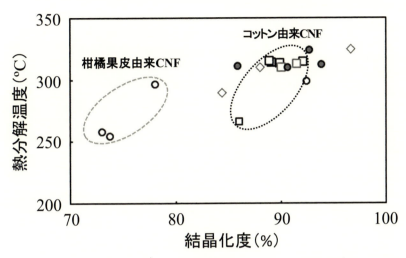

図 9　各 CNF 試料の結晶化度および 5% 熱重量減少にかかった熱分解温度との関係

に影響を与える因子として，セルロース以外のヘミセルロースおよびリグニンの存在や，CNF の非晶領域，CNF の官能基などが挙げられる。これらの因子は，上述の結晶化度に与える因子と重なる部分が多い。種々の CNF の結晶化度および熱分解温度を測定し，グラフにプロットすると，相関関係を有していることがわかる（図 9）。コットンは，高純度高結晶性セルロースであり，コットンから調製した CNF の結晶化度および熱分解温度は，他の CNF と比べて高い領域に存在した[38]。一方，図 9 の柑橘果皮由来 CNF については，構成糖分析の結果（図 7）からも，部分的にヘミセルロースやペクチンが残存しているため，セルロース純度は低く，結晶化度および熱分解温度は低い領域に存在する。

また，これまでの筆者の研究結果から，熱分析で得られる熱分解重量減少曲線（Thermalgravimetric curve：TG 曲線）および TG の一次微分（Differential TG：DTG）曲線は，セルロースの割合やその他多糖の変性を反映している可能性が高いことが示されている[39]。具体的には，得られた DTG 曲線を用いて，SplitGaussian 法によるピーク分離および Levenberg-Marquardt 法によるカーブフィッティングを行うことによって，セルロースの熱分解と考えられるピークを抽出し，分離ピークの面積値に相当する熱分解重量が試料の絶乾重量に占める割合を算出することで，セルロースの割合に近似した[39]。

また，柑橘果皮から CNF を調製する過程の試料を熱分析に供した結果，DTG 曲線からペクチンおよびヘミセルロースが除去され，セルロース純度が高まっていく様子が確認された（図 10）[40]。あくまで簡易的な測定で，厳密な差を定量できないが，熱分析で得られるデータがセルロース純度の目安となる可能性がある。

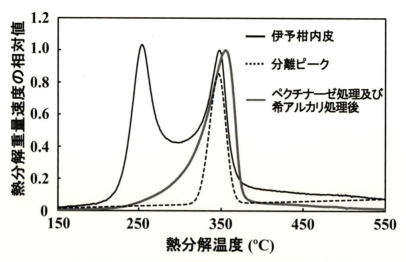

図10 伊予柑内皮由来 CNF の調製前後における熱分析結果と分離ピーク

4.6 受託分析

国内の CNF 研究開発が活発になるにつれ，依頼分析の必要性も高まってきている。国内の展示会や学会では，島津製作所[25]および島津テクノリサーチ，東レリサーチ，東ソー，JFE テクノリサーチ，東海テクノなど複数の分析会社が名を連ねており，CNF の分析に関して，様々な分析法が提案されている。CNF 自体を評価する場合と，CNF を用いたコンポジットを評価する場合があるが，後者は用途によって分析項目が多岐にわたる。各分析会社は，分析装置毎に専門家を配置し，CNF のキャラクタリゼーションから，用途開発の基盤データとなる特性評価まで多様なニーズに対応できるよう，総合的な分析・評価を目指している。依頼分析の詳細については，各社のホームページなどをご参照願いたい。

5 最後に

セルロースの材料科学は，長年積み重ねられた知見や技術，分析手法があり，CNF の国際標準化に関する取り組みの中で，CNF に適した分析法が取捨選択されることになるだろう。一方で，これまで認識されてこなかったナノリスクが意識されはじめ，安全性評価が求められるようになってきている。ナタデココや，果実の柔組織など，これまで長年食経験のあるナノセルロースもあるが，人工的に新たに調製されたナノセルロースの安全性に関するデータの積み重ねが求められる。

また，ISO に向けて推奨された分析法は，専門的な技術や高価な分析機器を要する手法が多く，製造現場で直感的に測定できる手法が少ない。ISO 推奨の分析法が決まれば，それに紐付けする形で，製造現場の品質管理に用いられる簡便な分析法の開発も必要になると考えられる。

第9章　ナノセルロースの分析・評価法

一方で，独自の分析手法を開発することで，未だ発見されておらず，活かされていないナノセルロースの特性が見出される可能性もあり，新たなナノセルロースの用途が開けることを期待したい。

謝辞

本稿で紹介した筆者に関する研究の一部は，科学研究費補助金事業（若手B：課題番号26850222，基盤C：課題番号16K07809）および愛媛県共同研究事業にご支援頂いた。CNFについては，京都大学生存圏研究所矢野浩之教授および阿部賢太郎准教授に御助言頂き，分析機器の一部は，愛媛大学総合科学研究支援センターおよび愛媛県産業技術研究所にお借りした。また，SEC-MALLSのデータは，愛媛県産業技術研究所西田典由主任研究員から，文献の一部は㈱島津製作所　草野英昭氏よりご提供頂いた。ここに記して謝意を表する。

文　　献

1) H. Yano et al., *Adv. Mat.*, **17**(2), 153-155 (2005)
2) T. Saito et al., *Biomacromol.*, **7**(6), 1687-1691 (2006)
3) 磯貝明ほか，ナノセルロースの製造技術と応用展開，p.234, シーエムシー・リサーチ（2016）
4) 磯貝明ほか，図解よくわかるナノセルロース，p.80, ナノセルロースフォーラム，日刊工業新聞社（2015）
5) Y. Boluk et al., "Roadmap for the development of international standards for nanocellulose", pp.1-33, TAPPI (2011)
6) S. Beck-Candanedo et al., *Biomacromol.*, **6**(2), 1048-1054 (2005)
7) Y. Noguchi et al., *Cellulose*, **24**(3), 1295-1305 (2017)
8) S. Iwamoto and T. Endo, *ACS Macro Lett.*, **4**(1), 80-83 (2015)
9) M. Pääkkö et al., *Biomacromol.*, **8**, 1934-1941 (2007)
10) 平成24年度中小企業支援調査（セルロースナノファイバーに関する国内外の研究開発，用途開発，事業化，特許出願の動向等に関する調査）報告書，三菱化学テクノリサーチ（2012）
11) K. Abe et al., *Biomacromol.*, **8**, 3276-3278 (2007)
12) R. Kose et al., *Biomacromol.*, **12**, 716-720 (2011)
13) T. Kondo et al., *Carbohyd. Poly.*, **112**, 284-290 (2014)
14) （国研）産業技術総合研究所　イノベーション推進本部　知的財産・標準化推進部，平成29年度産総研の「標準化」のとりくみ，p.66（2017）
15) ナノセルロースフォーラムホームページ：https://unit.aist.go.jp/rpd-mc/ncf/index.html
16) トヨタ車体㈱，平成29年度セルロースナノファイバーリサイクルの性能評価事業委託業務（セルロースナノファイバーを用いた自動車部品のリサイクル性に関する検討）成果報告書，平成29年度環境省委託業務（2017）

17) Y. Okita *et al.*, *Biomacromol.*, **12**, 518-522 (2011)
18) K. Sim *et al.*, *Cellulose*, **22**, 3689-3700 (2015)
19) P. K. Smith *et al.*, *Anal. Biochem.*, **150**, 76-85 (1985)
20) Y. H. P. Zhang and L. R. Lynd, *Biomacromol.*, **6**, 1510-1515 (2005)
21) 岩本伸一郎ほか, *Cellulose Commun.*, **17**, 111-115 (2010)
22) 空閑重則ほか, *Cellulose Commun.*, **17**, 116-120 (2010)
23) R. Tanaka *et al.*, *Biomacromol.*, **16**, 2127-2131 (2015)
24) 磯貝明ほか, ナノセルロースの製造技術と応用展開, p.17, シーエムシー・リサーチ (2016)
25) 洲本高志ほか, 化学装置, 2018年9月号, 36-41 (2018)
26) R. H. Atalla and D. L. VandelHart, *Science*, **223**, 283-285 (1984)
27) 杉山淳司, SEN'I GAKKAISHI, **62**, 183-187 (2006)
28) N. Hayashi *et al.*, *Carbohyd. Poly.*, **61**(2), 191-197 (2005)
29) K. Abe and H. Yano, *Carbohyd. Poly.*, **85**(4), 733-739 (2011)
30) M. Ago *et al.*, *Poly. J.*, **39**(5), 435-441 (2007)
31) Y. Nishiyama *et al.*, *Cellulose*, **19**, 319-336 (2012)
32) A. D. French, *Cellulose*, **21**, 885-896 (2014)
33) L. Segal *et al.*, *Text. Res. J.*, **29**(10), 786-794 (1959)
34) A. Patterson, *Phys. Rev.*, **56**, 978-982 (1939)
35) A. Sluiter *et al.*, Laboratory analytical procedure, "Determination of structural carbohydrates and lignin in biomass", National Renewable Energy Laboratory, NREL/TP-510-42618 (2008)
36) 野中寛, *Cellulose Commun.*, **19**(3), 127-134 (2012)
37) M. J. Negro *et al.*, *Biomass Bioener.*, **25**, 301-308 (2003)
38) A. Hideo *et al.*, *Cellulose*, **23**(6), 3639-3651 (2016)
39) A. Hideno, *BioRes.*, **11**(3), 6309-6319 (2016)
40) A. Hideno *et al.*, *J. Food Sci.*, **79**(6), N1218-N1224 (2014)

【第2編　利用と応用展開】

第1章　複合材料

1　セルロースナノファイバーの複合化技術

野口　徹*

1.1　はじめに

セルロースナノファイバー（以下，CNFと略す）は，現在，最も期待されるナノマテリアルの一つであり[1,2]，カーボンナノチューブ（以下，CNT）[3,4]と並んで，ナノファイバー強化高分子複合材料への応用研究開発が極めて活発に行われている。

一般には混同されて用いられているCNFは，その太さから2種類に大別される。機械的解繊と化学処理を合わせて作製するCNFは，太さが数十nmから数百nmに分布するものであり，多くの企業によって製造されている。一方，TEMPO酸化処理により軽度の機械エネルギーで解繊し，太さおよそ3nmのTOCN（TEMPO酸化セルロースナノファイバーの略）[5~8]という極細のCNFは，リン酸エステル化などの類似のプロセスによって4社が製造すると公表している。太いCNFと細いCNFでは，複合化の強化メカニズムが異なり，太いCNFでは，従来の短繊維強化複合材料と同様に，強化繊維の引張特性，曲げ特性によりマトリックスを補強する。細いCNFでは，その曲げ特性が反映されず，また，ランダム複合系ではCNFの引張特性も影響は小さいと思われる。細いCNFではCNFがマトリックス中で形成するナノ構造により補強すると思われ，従って，細いCNF系では，ナノサイズ効果[9]が発現する可能性がある。

ここでは，ナノサイズ効果が期待できる細いCNF，即ち，TOCNと高分子複合材料の調整と物性，構造の評価を行った結果を，事例として紹介したい。

1.2　ナノフィラーの働き

ナノファイバー高分子複合材料を理解するために，TOCN系の前にCNT系について少し触れたい。何故なら，ナノメートル級の繊維強化高分子複合材料の商品化はCNT系以外，例が少ないためである。

図1に多層CNTの原料のSEM像を示す。原料はカーボンブラックと同様の粉体であるが，拡大（図1(b)）では，極細の繊維状CNT（直径10～20nm）が複雑に絡まりあった物質であることが分かる。図2にCNTゴム（EPDM）複合材料の引張破断面のSEM像を示した。図2(a)は通常のロール混練法で混練した試料，図2(b)は分散改良法で作製した試料のSEM像である。分散改良は溶液混合後，強力超音波処理し，乾燥後，さらに高せん断力混練して作製して得た。図2(a)中に白く光って見える島状の分散相がCNTの凝集塊であり，マトリックスが海の海—島

---

* Toru Noguchi　信州大学　カーボン科学研究所　応用工学部門　特任教授

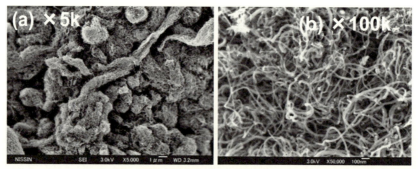

図1 多層 CNT の SEM 像
(a)×5k, (b)×100k[9]

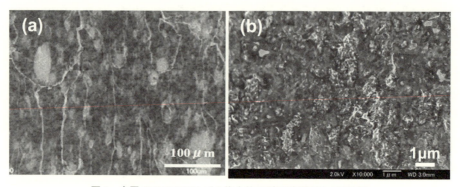

図2 多層 CNT/EPDM ゴム複合体の引張破断面の SEM 像
(a)通常混練法にて作成, (b)分散改良試料[9]
(EPDM；エチレン・プロピレン・ジエンゴム)

構造を取ることが分かる。一方，分散改良試料図2(b)では，図2(a)で見られたような大きな凝集塊は見られないが，微小な凝集塊が多数観察された。これは，凝集体が強力なせん断力で細かく砕かれたものであり，これでは大きな特性の改善とはならなかった[10]。つまり，誰もが目指す均一分散だけでは問題は解決しないことが分かった。そこで，凝集塊を解す，解繊と呼ぶ操作が不可欠であると考えた[11,12]。著者は，母材としてゴム・エラストマー類には弾性混練法[13]，さらに，樹脂類[14]，液体類[15]には擬弾性混練法を用いて解繊し，石油分野を中心に適用した結果，実用化に成功している[16,17]。図3に弾性混練法のイメージを示した。通常のゴム・樹脂類とフィラーの混合操作は，高分子の流動すなわち粘性を利用して混練するもので，粘性混練ということができる。粘性混練は混合物を得ることはできるが，ナノフィラーのような凝集性の高いフィラーを小さく粉砕することはできても1本1本個別に解繊することはできない。何故なら，粘性による混合は，フィラーとマトリックスの混合物の塑性変形，即ち単なる形を変える操作であるためである。凝集塊を解すことができるのはマトリックスの弾性を利用する弾性混練である。この弾性混練では，フィラーとマトリックスの混合物にせん断力が加わると大きく変形し，せん断力が除か

第1章 複合材料

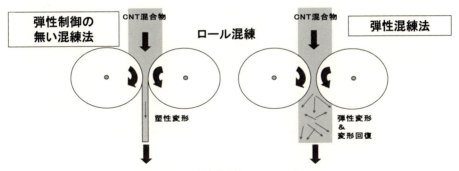

図3 弾性混練法のイメージ

れると瞬間的に元の形に復元するもので,その加荷と除荷の間で大きな逆向きの力のベクトルが様々な方向に作用し,その力で凝集塊は解されると考えられる。すなわち,弾性混練法は,本来粘弾性体である高分子材料の粘性を極力小さくし,弾性を極力引き出すことにより可能となる。これらの操作は,材料と加工条件を制御して行うことができる。

図4に弾性混練法で作成した天然ゴム複合材料のTEM像と引張試験後の破断面のSEM像を示した。CNTは1本1本分離され,均一に分離・分散しているのが分かる。これら母材中での多層CNTの解繊と立体構造形成による新しい物性発現を調べ[19,20],図5に示したセルレーションと名付けたモデルを提唱している[16,21,22]。CNTと界面相が細分化されたマトリックスを閉じ込める構造をセルとし,複数のセルが連続に立体構造を形成するものである。この立体構造がジャングルジムのような構造を取ると考えて,ジャングルジムストラクチャーと呼ぶ[20]。CNTセルレーションは以下のようにまとめることができる。まず初めにCNT凝集塊を解繊することが重要である。次に,解繊したCNTは容積分率に換算して,0.05 vol%程度でパーコレーションが始まり,5〜9 vol%で二段階目の大きな特性変化を示す。この特性変化は,バウンドラバーのような界面相により覆われ連結されたCNTが立体連続構造を形成する過程で生じ,この現象をセルレーションと名付けたものである。このジャングルジムストラクチャー全体で,負荷に抵

図4 多層CNT/天然ゴム複合材料のTEM像と引張破断面のSEM像[9]

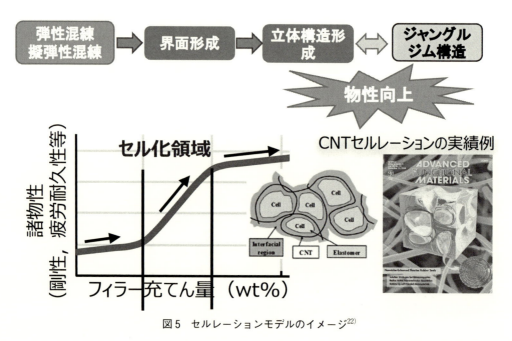

図5 セルレーションモデルのイメージ[22]

抗すると考えられる。また，CNTセルの中に閉じ込められたゴムの分子運動性は抑制され，応力の増大と，攻撃性の強い物質のアタックに対して抵抗すると推定される。

TOCN複合材料は，CNTと同様にセルレーションの発現を目指すものである。

1.3 TEMPO酸化ナノセルロースの登場

CNFは古くから存在し，複合材料の強化フィラーとしても検討されてきたが，大きな商品化成果は得られていないように思われる。いくつかの原因が考えられ，技術的にはCNFの直径と表面の親水性にあると思われ，中でも第一に重要な要因は幅（通常の繊維では直径に相当）と解繊にあると考える。

CNFの直径がやや太い不満を覆すように，画期的なCNFが突然登場した[5]。幅がわずか数nmで長さは数μmと長く，化学的に安定で物理的に強固な優れた素材である「ミクロフィブリル」と呼ばれる構造単位が注目されてきたが，これまでこのミクロフィブリル1本1本を解して材料利用することは従来できなかった。東京大学の磯貝研究室では，TEMPO（2,2,6,6-テトラメチルピペリジン-1-オキシルラジカル）などのニトロキシラジカル種を触媒とする酸化反応（TEMPO触媒酸化）を用いて，多糖の1級水酸基を選択的にカルボキシ基へと酸化し，このカルボキシ基が水中で電離し，強固なミクロフィブリル間に斥力を生じて，軽微な機械力で容易に解繊されて水中に均一に分布するものである。このようにして得られたTOCNは，CNTと並ぶ新しい先端複合材料の創出の可能性を期待させ，まさに，複合材料の研究者にとって，渇望した素材の出現となった。ちなみに，2015年，このTEMPO酸化法の発見とTOCNの開発に対して

第 1 章　複合材料

東京大学の磯貝明教授，齋藤継之准教授，フランス・グルノーブルの植物高分子研究所の西山義春博士は，森林と木材科学のノーベル賞と言われるマルクス・ヴァレンベリ賞をアジア人として初めて受賞した。

1.4　弾性混練法による TOCN ゴム複合材料の開発
1.4.1　二段階弾性混練法による TOCN ゴム複合材料の調整

　図 6 に TOCN の TEM 像を示した[7]。TOCN の幅は工業的製造では決して成し得ない均一性を有し，自然の創造力に驚かされる。TEM 像に見られる CNF 間の空間は多量の水で占められ，写真の左上に示したように完全に透明のゲル状物質である。TOCN に限らず，CNF の表面は親水性であり，一般に疎水性（親油性）の高分子との複合材料を作製することは難しく，さらに TOCN の場合は 98% 以上を占める多量の水を除去することが難しい。これは，TOCN が水の離脱に伴って直ちに再凝集するためであり，再凝集すると，複合材料作製工程中での再解繊は難しいと考えられる。水は最終的には除去することが必要であり，中間工程での水の挙動も制御することが必要である。図 7 に TOCN ゴム複合材料の作製スキームを示した。マトリックスとしてゴムラテックスを用いる場合，TOCN 水分散体とゴムラテックスを混合し 3 本ロールを用いて擬弾性混練（図 7①）した後乾燥する。この擬弾性混練をしないと，乾燥工程で TOCN は水の離脱と同時に再凝集するが，擬弾性混練によって TOCN はラテックスゴム中に埋設し乾燥工程でも再凝集しない。次に固相状態で弾性混練（図 7③）を行えば解繊し分離分散したナノコンポジットを作製することができる。なお，これらの工程は二軸押出でも可能であるし，その後は，プレス，インジェクションなどで成形することができる。

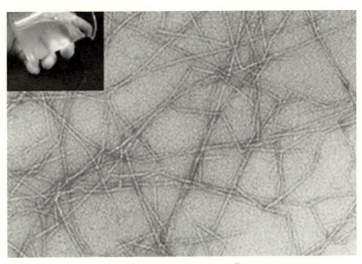

図 6　TOCN の TEM 像[8]

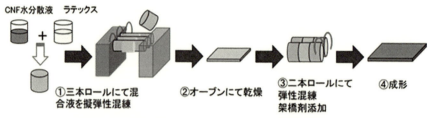

図7　二段階弾性混練法によるサンプルの作製プロセス[23]

1.4.2　二段階弾性混練法による TOCN ゴム複合材料の特性

図8にTOCN/H-NBR（水素添加ニトリルゴム）複合材料の充てん率と剛性（50％引張応力（σ_{50}））の関係を図8(a)，σ_{50}と伸び（切断伸度＝柔軟性の尺度）の関係を図8(b)に示した[23]。引張応力で代表されるモジュラスは剛性の尺度であり，実使用上の強度と考えてよく，耐久性との相関も高い非常に重要なゴム材料の特性を表す特性値であり，異なるひずみの応力が用途に応じて用いられる。ここではシール材によく適用されるσ_{50}を用いた。充てん率の増加につれてσ_{50}は増大し，その程度はCNT系が最も高く，タイヤなどに用いられる高補強性カーボンブラック配合ゴムの従来法（SAF-CB）に比べて3倍以上の強化となっている。TOCN系も従来法の2.5倍程度の非常に高い強化を示しておりCNT系に匹敵する補強効果が認められた。CNTゴム系は現在最強の材料として知られているので，TOCN系も最強に匹敵するものと考えられる。図8(b)に示したσ_{50}と伸びの関係は，これも非常に重要な特性間の関係である。一般に，材料の剛性（硬度，弾性率，モジュラスなど）を上げると使用上の強度はアップするが，柔軟性が低下し脆くなる。これは，金属，セラミックスなど一般的に見られる二律背反則である。ゴム材料も例外

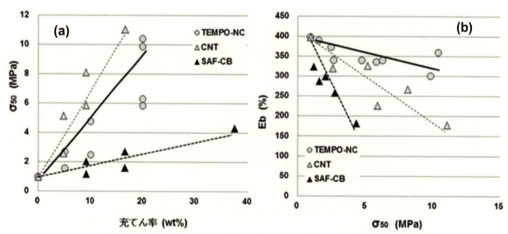

図8　二段階弾性混練法により調製したゴム（H-NBR）複合材料の力学的性質
(a)充てん率と50％引張応力の関係，(b)50％引張応力と伸び（切断伸度）の関係[23]

第1章　複合材料

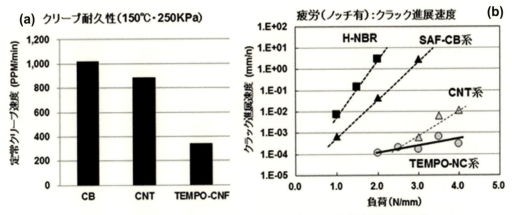

図9　二段階弾性混練法により調整したゴム（H-NBR）複合材料の耐久性
(a)クリープ特性，(b)動的疲労耐久性[23]

ではなく，弾性率や硬さ，モジュラスなどの剛性が増大するにつれて，伸びが低下して柔軟性を損ない，実用性を著しく制限する要因となっている。多層CNT配合系はカーボンブラック配合系に比べて剛性の増大が極めて大きく，高度な補強性を有することが分かるが，伸びの低下はカーボンブラック系より緩やかとなっている。一方，TOCN系の伸びの低下は小さかった。以上のように，セルレーションによる大きな補強効果を示すCNT系と同様に，TOCN系でもセルレーション現象が発現していると推定されるが，伸びが低下しない現象は理論的に不明で，今後解明する。

図9に耐久性を示した。TOCNは植物由来であるので耐熱性や耐水性のような耐久性が心配されるので，基礎的な耐久性試験を行った。図9(a)に示す定常状態のクリープ速度は静的耐久性の尺度であり，図9(b)に疲労試験によるクラックの進展速度を動的耐久性の尺度として示した。TOCN系の定常クリープ速度はSAF-CB系およびCNT系の二分の一以下で非常に低い。定常クリープ速度は低いほどクリープ耐久性に優れている。また，CNT系のクラック進展速度はSAF-CB系よりおよそ三桁低く，大きな動的耐久性の増大を示しているが，TOCN系もほぼ同等で，むしろ高負荷では一桁程度クラック進展速度は低く，驚くほど動的耐久性が高いことが分かる。これは，図10に示した高い柔軟性によると思われる。

1.4.3　TOCNゴム複合材料の物性バランスと大きな特長

図10に物性バランスを比較した。カーボンブラック補強系がタイヤ，ホース，ベルトなどのほとんどのゴム製品に用いられており，CNT系は強度，剛性，耐熱性，耐久性などが飛躍的に増大している。これに対して，TOCN系は，全体的にCNT系とカーボンブラック系の中間に位置するが，柔軟性，高温特性，安全性に優れる。TOCNとCNTの両方の性質を融合できれば，まさに，世界最強のゴム・エラストマーを創成することができる。

TOCN系の極めて大きな特長は，カラーリングが可能なことと，絶縁性を保持することであ

115

セルロースナノファイバー製造・利用の最新動向

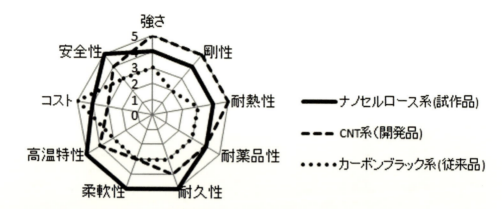

図10　TOCNゴム複合材料の物性バランスと特長[23]

る。カーボンブラック，カーボンナノチューブも黒色粉体であり，従ってこれらの複合材料も黒色となり，これ以外の着色は不可能である。透明白色系のTOCN複合材料は，顔料や染料による様々な着色が可能で，マトリックス高分子によっては透明体も可能である。ゴム・エラストマー類のカラーリングは製品に識別性のほか，多様性，デザイン性を与え，商品価値を著しく高めると思われる。また，カーボンブラックやカーボンナノチューブは導電体であるので，複合材料も充てん率に応じた導電性が付与される。これは帯電防止などの用途として，カーボンフィラーの特長となっている。一方，高分子材料は本来絶縁体としてその応用を広げてきたものである。TOCN系複合材料は絶縁性を保持しているので，高分子材料本来の多様な絶縁用途に用いることができる。

1.4.4　TOCNセルレーションの一考察

図11にTOCN/H-NBR複合体の応力−ひずみ曲線と線膨張係数の温度特性を示した。引張応力はTOCNの充てんによって増大し，15wt%では大きな上昇を示した。また，線膨張係数も15wt%で大きく低下し，およそ180℃までほぼゼロとなった。図5に示したように，セルレーションは境界濃度から急激に発現する現象であることを示した。ジャングルジム構造を形成するための必要な最低量がセルレーション閾値である。TOCN系も，CNT系と同様に閾値（ここでは，8wt%）を有する大きな物性の変化であることから，TOCNセルレーションが発現したと考えられる。TOCNは直径（幅）が3nmの極細であることやマトリックスと密度の相違が小さいことから顕微鏡観察が困難であるので，今後，さらなる検討と考察が必要である。ただし，マイク

第1章　複合材料

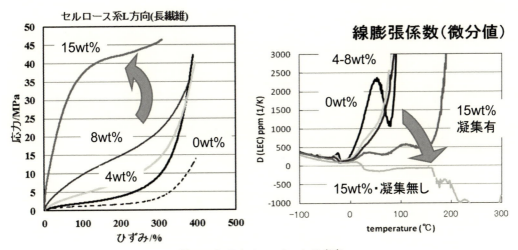

図11　CNF セルレーションの考察
図左：応力－ひずみ曲線，右図：線膨張係数

ロトームカット面や引張破断面の SEM 観察では，TOCN 凝集塊が認められなかったので，TOCN は数 nm 以下の太さに解繊されていることは間違いない。

1.5　CWSolid 法による TOCN 複合材料作製

先に示した二段階弾性混練法は，マトリックスゴムの原料としてラテックスを用いる方法である。ラテックスが入手できないゴム類も多く，元々ほとんどラテックスが製造されていない硬質の樹脂類は，この方法を用いることができない。そこで，開発したのが CWSolid 法である。現在，開発中の技術であるので，ここでは，抜粋して概説する。

1.5.1　CWSolid の考え方

図12にイメージと考え方を示した。通常，CNF の複合化には CNF 表面の疎水化が不可欠とされるが，特に，TOCN では簡単なことではない。何故なら，TOCN は 100 倍量の多量の水によって懸濁されているので，TOCN 表面のカルボキシ基や水酸基を疎水化した瞬間から周辺の水を排除し，溶媒置換する前に凝集してしまうためである。図11に示した凝集が存在するサンプルの線膨張係数のように解繊された特性は得られなくなる。つまり，水分散体の TOCN は疎水化してはならず，かといって強い親水性のままでは複合化が困難となる。そこで，カルボキシ基に吸着する X，水酸基に吸着する Z，そして水が除去された際に，一旦凝集を抑制する溶媒置換剤 Y を，あらかじめ TOCN 水分散液に必要量添加し，乾燥の際に仮置き状態とし，高温での混練，および成形時にカルボキシ基，水酸基と反応させるものである。Y は，単に，水除去の際に急激な凝集を防ぐための添加剤であるので，後程，除去が必要となる。この「仮置き」という考え方が CWSloid 法の基本的な考え方である。図13にサンプル作製プロセスを示した。TOCN 水分散液に，添加剤 x, y, z を所定量添加し乾燥した後，粉化する。混合液の混合，乾燥，

117

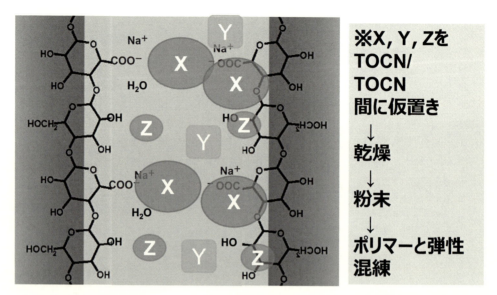

X：イオン添加剤（凝集抑制剤）　　Y：溶媒置換剤　　Z：水酸基キャップ剤

図12　CWSolid法のイメージと考え方

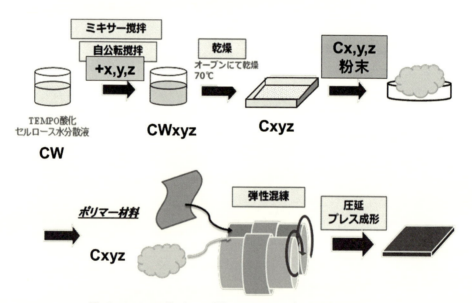

図13　CWSolid法（Cxyz法）によるサンプルの作製プロセス

粉化は色々な方法がある。添加剤は，用途，マトリックスの種類などによって適宜選択し，場合によってはx, yのみ（Cxy法），x, zのみ（Cxz法）なども可能である。

1.5.2　CWSolid法によるゴム系複合材料の調整

図14にCWSolid法（Cxy法）で作製したTOCN/H-NBR複合体の応力－ひずみ曲線を示し

第1章　複合材料

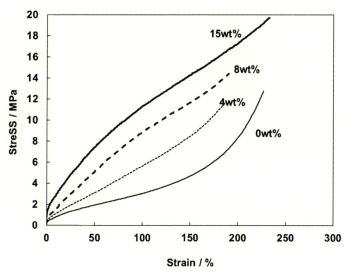

図14　CWSolid法（Cxy法）により作製したH-NBR複合体の応力－ひずみ曲線

た。TOCN充てん率の増加につれて引張応力は増大し，その程度は図8に示した二段階弾性混練法のσ_{50}と同等であった。しかも，伸びはTOCN無充てん試料とほとんど変わらず，柔軟性を失わず，高度の補強が可能なことが分かった。

1.5.3　CWSolid法による樹脂系複合材料の調整[24]

図15にCWSolid法（Cxy法）で作製したTOCN/LLDPE複合体の諸特性を示した。図15(a)に示した応力－ひずみ曲線から，脆化せずに，降伏強さ，引張応力が増大し，伸びの低下は小さかった。図15(b)に示した貯蔵弾性率E'はCNT系と同様に，3vol%付近から大きく増大した。この濃度からセルレーションの発現が明らかになってくると思われる。図15(c)に示したE'の温度特性は，TOCN複合体が，LLDPEの融点でも融解せず，ゴム状弾性体となることを示し，高温特性が大幅に向上したことがわかる。これらのE'は可逆的変化であることから，リサイクル可能であることを示唆している。

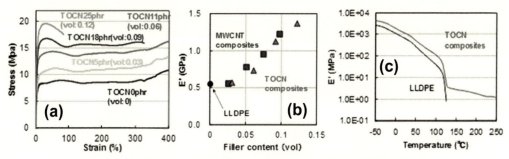

図15　CWSolid法（Cxy法）により作製したLLDPE複合体の諸特性
(a)応力－ひずみ曲線，(b)貯蔵弾性率，(c)貯蔵弾性率の温度特性

1.6 おわりに

以上,二段階弾性混練法およびCWSolid法で作製したTOCN高分子複合材料は,マトリックスの柔軟性を損なうことなく,大きな補強を行うことができることが分かった。また,カラーリング可能なこと,ポリオレフィンの欠点である,塗装,印刷,接着も容易に可能なことが分かった。これらの特筆すべき優れた特性を活用して,20社以上の企業が実用化,商品化に取り組み,いくつかが量産の準備に入っている。

また,ここでの図に用いたTOCNの充てん率は,TOCNの効果をわかりやすくするために,TOCNと高分子の2元系にて示したが,実用配合では,特性バランスをとるためのその他の充てん材と併用となることが多い。特に,カーボンブラック,シリカのナノ粒子は,TOCNの必要な充てん率を大幅に低下させることが可能であるので,価格の問題も乗り切り,社会実装に歩みだすと考えられる。

文　献

1) 矢野浩之,繊維学会誌,**70**,156-160(2014)
2) Suzuki, K., Yano, H. et al., *Cellulose*, **21**, 507-518 (2014)
3) Oberlin, A., Endo, M., Koyama, T. *J. Crstal Growth.*, **32**, 335 (1976)
4) Endo, M., CHEMTECH, **18**, 568-576 (1988)
5) Saito, T., Isogai, A. et al., *Biomacromolecules*, **8**, 2485-2491 (2007)
6) Saito, T., Isogai, A. et al., *Biomacromolecules*, **10**, 162-165 (2009)
7) Isogai, A., Saito, T., Fukuzumi, H., *Nanoscale*, **3**, 71-85 (2011)
8) Okita, Y., Saito, T., Isogai, A., *Biomacromolecules*, **11**, 1696-1700 (2011)
9) 野口徹,生物資源,**9**, No.4, 2 (2016)
10) Bokabza, L., *Polymer*, **48**, 4907-4920 (2007)
11) 野口徹ほか,日本ゴム協会誌,**86**, 353-359 (2013)
12) 野口徹,成形加工,**27**, 15-19 (2015)
13) Noguchi, T., Magario, A. et al., *Mater. Trans.*, **45**, 602-604 (2004)
14) Inukai, S., Noguchi, T. et al., *Composite B*, **91**, 422-430 (2016)
15) 植田浩佑ほか,日本レオロジー学会第42年会予稿集,**42**, p.27 (2015)
16) Endo, M., Noguchi, T. et al., *Adv. Funct. Mater.*, **18**, 3403-3409 (2008)
17) Ito, M., Noguchi, T. et al., *Mater. Res. Bull.*, **46**, 1480-1484 (2011)
18) 竹内健司,野口徹ほか,炭素,**244**, 147-152 (2010)
19) Wang, D. et al., *Carbon*, **48**, 3708-3714 (2010)
20) Noguchi, T. et al., SAE Tech. Pap. Ser. SAE-2009-01-0606 (2009)
21) Deng, F., Ito, M., Noguchi, T. et al., *ACS Nano*, **5**, 3858-3866 (2011)
22) Noguchi, T., Endo, M., *nature*, **552**, 7683 (2017)

第 1 章　複合材料

23) 野口徹, MATERIAL STAGE, **15**, 21-27 (2015)
24) 新原健一ほか, ポリマー材料フォーラム, 2PD28, 2018, 高分子討論会予稿, 3001 (2018)

2 セルロースナノファイバー強化プラスチック―セルロースの変性と複合化技術―

2.1 セルロース強化プラスチック複合材料
　　―ウッドプラスチックから CNF コンポジットへ―

仙波　健*

　従来のウッドプラスチックでは，プラスチックに対して 50 重量パーセント（wt%）以上の木粉を添加するのが通例である。なぜなら木粉はプラスチックに高充填しなければ，十分な特性，特徴が発揮できないためである。木粉を高充填することにより，木粉どうしのネットワーク構造による強化，朽ちない木質風の材料となること，また 50 wt% 以上の木粉充填量とすることにより，木材としての廃棄が許される。しかしこのように高充填しなければ十分な補強が得られず，その結果重く，流動性が悪いなどの問題があり，押出成形による建材や雑貨用途がほとんどであった。このように限定的であったセルロースのプラスチックへの用途を拡げる可能性があるのが，近年注目されているセルロースナノファイバー（CNF）である。鋼鉄の 5 倍以上の強度，低熱膨張，軽量，安全，生分解性など，プラスチックの代表的な補強繊維であるガラス繊維，炭素繊維に引けを取らないポテンシャルを秘めているうえ，そのナノサイズの表面積がプラスチックにもたらすナノ効果が期待でき，木粉と比較して添加量を減らすことが可能となる。CNF をプラスチックに適用するにあたっては，従来のセルロース繊維強化プラスチックに存在していた課題だけでなく，ナノサイズの繊維を利用するが故の難しさがある。本稿では，この CNF 強化プラスチックの難しさを解決し，優れた CNF 強化プラスチックの実現するためのセルロースの化学変性と複合化技術について紹介する。

2.2　熱劣化抑制のための CNF 化学変性

　熱可塑性プラスチックには，ポリエチレン，ポリプロピレン，ポリスチレン，ABS 樹脂，塩化ビニルなどの加工温度が 200℃以下の汎用プラスチック，ポリアセタール，ポリアミド 6，ポリブチレンテレフタレート，ポリエチレンテレフタレート，変性ポリフェニレンエーテル，ポリアミド 66，ポリカーボネートなどの加工温度が 200～300℃程度の汎用エンジニアリングプラスチックス（汎用エンプラ），さらに加工温度が 300℃以上のスーパーエンジニアリングプラスチックス（スーパーエンプラ）の 3 種に大別される。汎用プラスチックとセルロース系強化材料の複合化については，これまでもウッドプラスチックとしてポリプロピレン，塩化ビニルや一部 ABS 樹脂についても複合化が成され，様々な商品として展開されてきた。しかしながら，汎用プラスチックよりも加工温度の高い汎用エンプラについては，セルロースによる強化例は少なく，その理由はセルロースが加工時に熱劣化してしまうためである。

　図 1 にセルロースを主成分とするパルプの窒素雰囲気下における熱重量測定結果の一例を示す。約 130℃から減量が開始し，1% 重量減少温度は 242℃であった。プラスチックの加工におい

---

　*　Takeshi Semba　（地独）京都市産業技術研究所　高分子系チーム　チームリーダー

第1章　複合材料

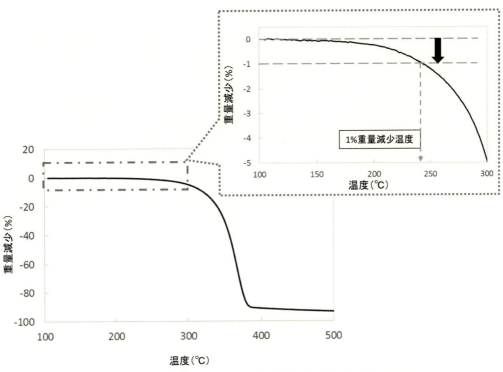

図1　セルロースを主成分とするパルプの窒素雰囲気下における熱重量測定

ては，スクリューのせん断などによる局所発熱により，材料は設定温度よりも高温に晒されるため，これまでセルロースは汎用プラスチックとの複合化が温度的に限界であった。したがってさらに高温での成形加工が必要となる汎用エンプラとの複合化は不可能であった。この課題解決のため，化学変性によりセルロースの耐熱性の向上を試みた。

　様々な化学変性をセルロースに行い耐熱性を評価し，その中で耐熱性，後で述べる熱可塑性プラスチックとの相容性，そしてコストのバランスに優れた化学変性としてアセチル化を採用した。アセチル化は，最も基本的且つ重要なセルロースの疎水化変性手法であり，古くから繊維，各種記録用フィルム，偏光板などの素材に用いられてきた。図2のようにセルロース水酸基の置換度（DS：セルロース分子の繰り返し単位に含まれる3つの水酸基の置換度，最大DS＝3）を変化させることにより，数十℃以上の耐熱性の向上を図ることができる。図3は，未変性およびアセチル化パルプの窒素雰囲気下における熱重量曲線である。DSが上がるに従い曲線が高温側にシフトし，耐熱性が向上していることが分かる。図4は，同様の測定をDS 0.4～2.5に変化させた化学変性パルプについて実施して得られた重量減少温度とDSの関係である。1 wt%減量温度曲線は，各DSのパルプサンプルが分解して1 wt%減量する温度をプロットしたものであり，未処理パルプ（DS＝0）の分解温度242℃からDS＝2.0のアセチル化により293℃まで向上した。同様に5, 10および20 wt%減量温度についても，20℃程度の向上が確認できた。セル

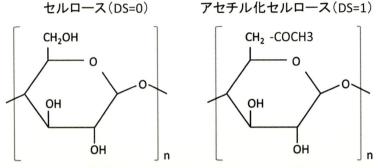

図2 未処理セルロースとアセチル化セルロース（DS=1）

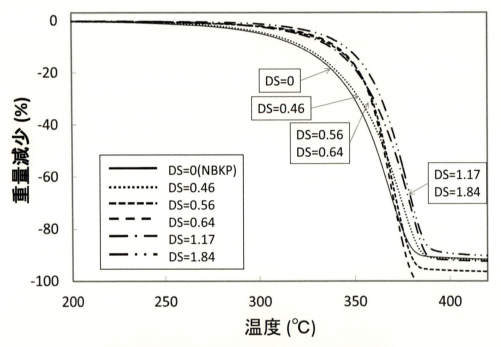

図3 未処理セルロースとアセチル化セルロースの熱重量曲線

ロースの熱劣化により生じる分解物は，微量成分でも樹脂中の異物となる。化学変性によるセルロースの耐熱性向上は，複合材料への応力負荷時のセルロース分解物による欠陥発生を抑制するのに重要であると考えられる。このようにアセチル化度を上げることにより耐熱性は向上する。図5は，広角X線回折により得た未変性およびアセチル化セルロースのX線強度と2θの関係である。非結晶領域に対応する18.5°の谷は，高変性のパルプほど高くなり非晶性が高くなっていることがわかる。図6にパルプの結晶化度と変性度の関係を示す。結晶化度はDS 0～1.0まで緩やかに，そしてDS 1.0を超えると急激に低下することがわかる。結晶性が失われると強化繊維としての性能が大きく低下することから，このデータよりDSは1.0程度までに抑えるべき

第1章　複合材料

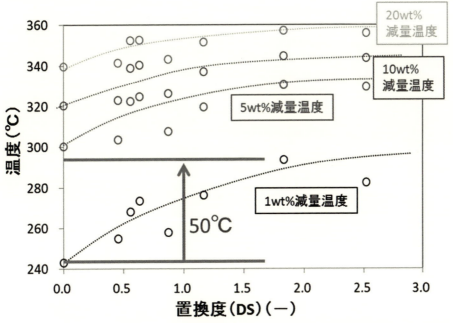

図4　DSを変化させた化学変性パルプの熱重量分析により得られた重量減少温度とDSの関係

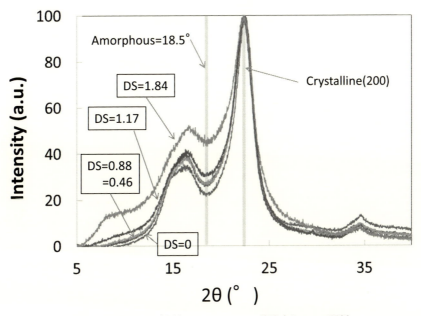

図5　未変性および変性セルロースのX線強度と2θの関係

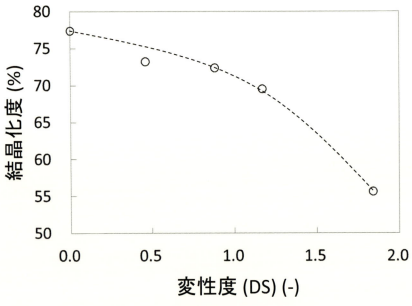

図6 パルプの結晶化度と変性度の関係

であることがわかる。つまり耐熱性を向上させるためにはDSを上げることが効果的であるが，繊維としての強化機能を得るためにはDSの上げすぎは良くないと言える。両者のバランスをとる必要がある。

2.3 プラスチックとの相容性の向上

相容性の目安であるSP（solubility parameter：大きいほど親水性が強い）値については，セルロースは15.7であり，例えば親水性が高いと言われるポリアミド（PA）6の12.2よりもはるかに大きい。このことは親水性が高くセルロースとの複合化が，相容性の点で容易であろうと思われるPA6においても，未処理セルロースを分散させることは難しいということを示している。そこでセルロースにアセチル基を導入しDSを変化させることにより，図7に示すようにSP値を変化させることが可能となり，様々な樹脂材料への対応が可能となる。しかしDSを高めることは耐熱性を向上させるものの，セルロースの結晶性を低下させてしまうことから，高DSアセチル化セルロースの樹脂への添加は好ましくないと考えられる。現実的には，結晶化度を大きく落とさない程度にアセチル化を行った疎水化セルロースを作製し，混練手法，樹脂，相容化剤などの工夫を行い，最適化していくことが必要となる。

もう一つのアセチル化のメリットは，変性に使用する薬剤が低コストであり，その方法も容易であることである。キログラム単価が数10～100円程度の原料パルプのコストメリットを最大限に生かすためにも，変性によるコストアップを最小限に抑えられるアセチル化は有望であると言える。

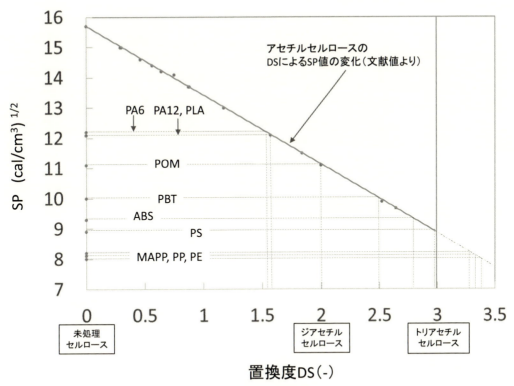

図7 セルロースにアセチル基を導入することによるSP値とDSの関係と代表的な熱可塑性樹脂のSP値とそれに対応したアセチルセルロースのDS値

2.4 プラスチックとの複合化技術

　一般的なCNF製造には，大きなエネルギーと時間を要することからCNFは非常に高価である。さらにその水中におけるセルロースのナノ化は，CNFが水を取り込みゲル化することからハンドリングが悪く，樹脂材料への添加には困難が伴う。水を有機溶剤に置換し，熱硬化性および熱可塑性プラスチックに複合化した事例もあり，非常に大きな補強効果も得られている。しかしながら現実的に工業化を考えると有機溶剤への置換を伴うプラスチックとの複合化はあり得ないと思われる。そこで考案されたのがパルプ直接混練法である。これは予め化学変性し，解れやすくナノファイバー化しやすくしたパルプをプラスチック用溶融混練機に投入し，プラスチックと溶融混練しながらCNF化していく手法である。化学変性によりセルロースの水酸基が変性，水素結合が抑制されることによりパルプが外力により解れやすくなる。つまり易解繊性を付与することができる。また化学変性の過程においては，まだナノ化していないため，容易に脱水・脱溶剤，乾燥ができ，通常の木粉と同様のドライ状態とすることができる。これを溶融混練することにより，混練中のせん断応力によりパルプが解され，最終成形品内部にCNFを分散させられる。この手法により飛躍的に材料の取り扱い，作業工程の簡略化が図れる。図8に溶融混練押出機内において，PA6マトリックス内でアセチル化パルプが解繊していく様子を示す。混練前の

セルロースナノファイバー製造・利用の最新動向

図8 溶融混練押出機内において，PA6マトリックス内でアセチル化パルプが解繊していく様子

ホッパーでは，溶融混練機最上流のC2においては数十μm以上のパルプが存在する。C3，C4と下流に向かうにしたがいパルプが細く解繊され，C5では解繊されたCNFであると考えられる白いモヤ上の領域が形成され，さらに下流のC6および得られたCNF/PA6原料を射出成形した成形品では解繊が進行していることが分かる。

また溶融混練において，予めCNF化した材料を用いた場合と，パルプ直接混練を行った場合の特性を比較すると，その差はなく，場合によっては前者よりも後者の方が，セルロースの熱劣化や凝集が抑えられることも確認している。

2.5 パルプ直接混練法により作製した変性CNF強化プラスチックの特性

耐熱性を向上させた上記アセチル化CNF材料は，高加工温度により従来セルロース系材料を添加することができなかった汎用エンプラの強化が可能となった。

図9にアセチル化CNF/ポリアミド（PA）6複合材料の曲げ弾性率および曲げ強度とDSの関係を示す。ニートPA6に未処理パルプ（DS=0）を10 wt%添加することにより曲げ弾性率が2220→3450 MPa，曲げ強度が91.2→117 MPaに向上した。アセチル化パルプを10 wt%添加した場合は，さらに大きく曲げ特性が向上した。曲げ特性は，DS=0.4〜0.6の領域においてピークとなり，曲げ弾性率および曲げ強度の最大値は，5430 MPaおよび159 MPaであった。

図10にアセチル化CNF/PA6複合材料のIzod衝撃強度とDSの関係を示す。ニートPA6に未処理パルプ（DS=0）を添加することによりIzod衝撃強度が低下した。それに対して変性パルプを添加することにより，Izod衝撃強度は改善し，DS=1付近ではニートポリマーと同等まで回復した。

図11に原料パルプ，変性パルプおよびアセチル化CNF/PA6複合材料のPA6部を溶媒により抽出し，得られたセルロースのSEM観察写真を示す。原料パルプが数十μm以上の直径であるのに対して，アセチル化パルプは解繊が部分的に進行し数μmの繊維が増加している。アセチ

第 1 章　複合材料

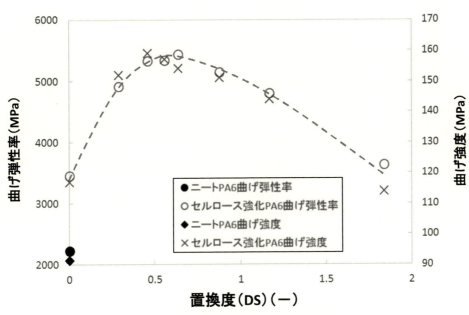

図 9　CNF/PA6 複合材料の曲げ弾性率および曲げ強度と DS の関係

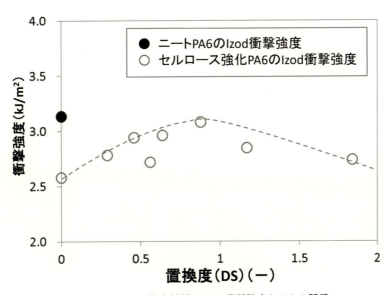

図 10　CNF/PA6 複合材料の Izod 衝撃強度と DS の関係

ル化パルプを添加した複合材料から得た繊維では，ほとんどが直径数十～数百 nm のナノファイバー化していることが確認できた。これらの CNF は耐熱性が向上しており，混練および射出成形工程において劣化が抑えられ，高い補強効果をもたらすことにより，CNF/PA6 の高い曲げ特性および耐衝撃性の回復に寄与したものと考えられる。

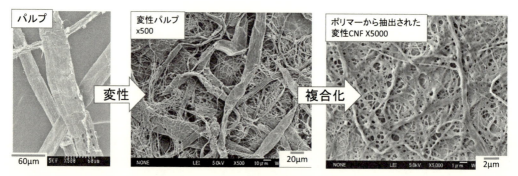

図11 ポリアミド6／変性セルロース（DS 0.46）複合材料のPA6マトリックスを溶媒抽出することで得られた変性セルロースCNFの観察写真

　この他にも化学変性と複合化技術の最適化により，汎用エンプラのうち低加工温度のポリアセタール，ポリブチレンテレフタレートでは十分な補強効果を得ることに成功している。さらに，CNFによる補強が困難であった非極性の汎用プラスチックであるポリプロピレンについても，化学変性によるSP値の調整，ポリマーアロイ技術を応用することによりPA6と同等の補強効果を得ることに成功している。しかしながら汎用エンプラのうち高加工温度であるポリエチレンテレフタレート，変性ポリフェニレンエーテル，ポリアミド66，ポリカーボネートでは，選択するポリマーによっては熱劣化が進行し複合化が困難な場合ある。そしてスーパーエンプラへのセルロースの適用は困難であることは言うまでもない。

2.6　まとめ

　地球温暖化，マイクロプラスチックなどの環境問題が深刻となる中，持続的再生可能資源，生分解性という機能を有したセルロース素材を有効利用すべきことは間違いない。しかしそれが高性能，高機能且つ低コストでなければ工業材料として受け入れられることはない。本稿では，セルロースの化学変性および複合化技術によるコストパフォーマンスに優れたCNF強化熱可塑性プラスチックの開発内容を紹介した。本技術が今後の地球環境の改善に少しでも貢献できればと考えている。

3 Cellulose Nano Fiber (CNF) の活用

藤井　透[*1]，大窪和也[*2]，小武内清隆[*3]

3.1 CNFとは[1,2]

竹や木の幹，枝の強さを支えているのは長手方向に並んだ繊維状のパルプである。パルプはかつては生きた細胞（厚壁細胞）であった。その名残はルーメンとしてパルプ中央にある孔として見出せることがある。パルプの断面は円形ではないが，竹の場合，差し渡し幅は15～20 μm程度である（図1）。パルプの長さは竹や木の種類によって異なるが，1～2 mmである。広葉樹のパルプの長さは短く，針葉樹では長い。複合材料の視点からは，パルプは短い単繊維と考えられる。植物中では，複数（数十～200本）集まって肉眼でも視認できる太さの長い繊維束を形成する。図2は，縦割れした竹の側面の維管束鞘部分を示す。まるではく離破壊した一方向CFRPの破面を思わせる。

セルロース（Cellulose）は竹を含む木の幹や枝の主要成分である。パルプの50％はセルロースで構成されている。残りは，主としてヘミセルロース（Hemi-cellulose）とリグニン（Lignin）である。その構造は青ねぎに似ている（図3）。パルプは，大きくは厚さ方向に4層に分けられ

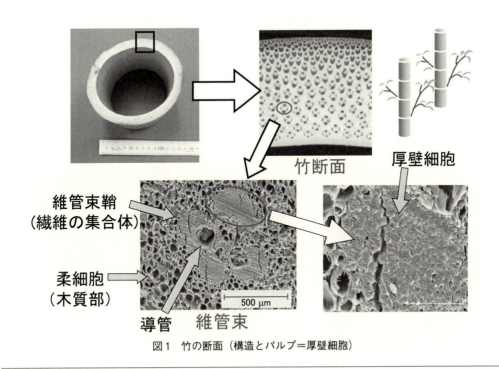

図1　竹の断面（構造とパルプ＝厚壁細胞）

---

* 1　Toru Fujii　AMSEL　代表；同志社大学　複合材料研究センター　名誉教授，嘱託研究員
* 2　Kazuya Okubo　同志社大学　大学院理工学研究科　教授
* 3　Kiyotaka Obunai　同志社大学　大学院理工学研究科　准教授

セルロースナノファイバー製造・利用の最新動向

図2　維管束鞘の破断面

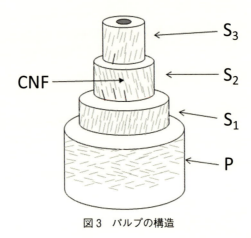

図3　パルプの構造

る。それぞれの層にはセルロース分子が一方向に並んだ結晶性微細繊維（CNF：Cellulose Nano Fiber, MFC：Micro Fibrillated Cellulose とも呼ばれる）がある。CNFの基本構成は，6×6 で正方配置され，長手方向に並んだCellulose 分子である（図4）。一辺の大きさは3.2 nmと言われている。パルプの最外層であるP層では，CNFはランダムに配向する。S_1〜S_3層では，CNFは軸方向に近い方向に配向されている。一般に，CNFの強度，剛性はアラミド繊維に匹敵するほど高いと言われている。密度も低い。この配向されたCNFがパルプの強度を発揮する。

　各CNFはヘミセルロースとリグニンで互いに結合されている。そのため，通常（化学パルプから得た）CNFといっても図4に示す一本のCNFではなく，CNFが複数本集まった束の状態で得られる。CNFにはところどころ非晶部分がある。著者らが非晶部分を取り除いて得た結晶性のCNFを図5（TEMにより観察）に示す。この写真からわかるように，その差し渡し幅は10 nm程度あり，まだ1本のCNFではなさそうだ。長さは200〜300 nm程度ある。

第1章　複合材料

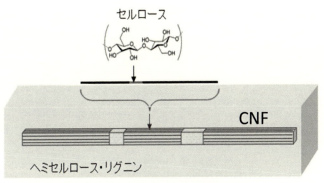

図4　維管束鞘の破断面

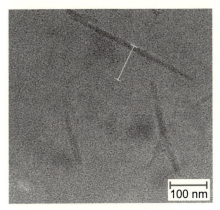

図5　CNF（TEM画像）

3.2 CNFブーム
3.2.1 CNFの製造と形態

　CNFは木質系パルプから作られる。その製法にはいくつかの種類がある。最もポピュラーな方法は物理・機械式であり，リグニンやヘミセルロースを取り除いた木質パルプに機械的に強いせん断応力を作用させることによってCNFを得る。具体的には，（精密砥石による）摩砕機や高圧ホモジナイザが用いられる。しかし，一辺が3～4 nmの矩形断面を持つSingle filamentの（Single wall CNT〈Carbon Nano Tube〉のような）CNFが得られることはない。差し渡し幅が50～300 nmの太い（Single filamentに解繊されることなく，それらが互いに集積した太い）CNFが得られる。得られたCNFは一本一本分離，独立した線状ではなく，図6に示すような網の目／蜘蛛の巣状の様相を呈している。酵素，化学薬品処理などでは，single filament状のセルロースナノ結晶性繊維が得られるが，非晶質部分も含んでいる。

　ここ数年，わが国では多くの企業がCNF製造に名乗りを上げている。近畿経済産業局・（地独）京都市産業技術研究所によって調べられた最近の「セルロースナノファイバー関連サンプル提供企業一覧」が図7に掲載されている。CNFに対する経産省の想い入れ？は相当大きい。そ

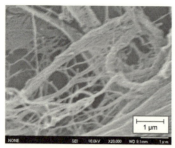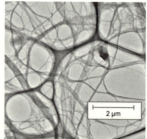

図6　種々の形態のCNF

図7　CNF製造に対する企業の取り組み（http://tc-kyoto.or.jp/2018/09/CNF_Sample_6th.pdf）

のことは図8，9を見ればよくわかる。図8の経産省のWEBでは「夢膨らむ」とのことである。また，多くのプロジェクトが動いていることもわかる。このCNF『鉄より強い？木の繊維！』構造材料として，ここ数年《異常に》注目されている。あたかも全く新しい材料として我が国に登場したようにも喧伝されている（図9）。

3.2.2　全く新しい素材？

確かに，学術的にもCNFは大変注目されている。Google Scholarで検索すれば「Cellulose Nano Fiber」に関する膨大な数の論文が見つかる[注1]。今日，わが国ではCNFと称されることが多いが，木質，食品（添加物），化粧品分野ではむしろMFC（先述）として知られている。近年，複合材料分野でナノクレイブームがあり，その後CNTなどが注目された関係でCellulose Nano Fiberとの呼称が用いられるようになったと推察している。本当に彗星のごとく新しく現れた夢の材料なのだろうか？　ここは1歩下がって，その有用性を適切に判断する必要がある。

上述のように，CNFは，以前はMFCとして呼称・認識されることが多かった。パルプを酵素，あるいは化学的に処理した（しない場合もある）後，物理的に解繊されたCNFは図6，8のような形態である。その寸法，様相も原料の状態，処理条件によって異なってくる。バクテリアセ

注1）重複もあるが，2018年12月の時点で17,000件。

第 1 章　複合材料

図 8　夢膨らむ？ CNF（経産省 WEB より）

図 9　日本中で CNF が躍る??

ルロースも CNF の一種で，重なってはいるが，互いにくっ付いていない繊維[注2]は得られる。しかし，手に入る CNF では少なくとも 2 次元的に網の目状となることが多い[注3]。我が国のプ

注2）水中に置かれた状態。
注3）京都大学生存圏研究所の WEB（http://www.rish.kyoto-u.ac.jp/labm/cnf/downloads）には CNF 全般に関する資料が掲載されている。

ロジェクトでは，乾燥CNFの製造コストは1000円/kgを切ることになっているらしい。製紙業界で用いられるディスクリファイナでパルプをフィブリル化する程度であれば，かなりコストも下がることが期待できるが，筆者らが使っている精密磨砕機では，荒い砥石による粗解繊→細かい砥石による細解繊→微粒砥石による微細解繊と多くの工程を経る必要がある。微細解繊工程は一回では済まず，複数回繰り返す必要がある。化粧品や食品にも使われている高圧ホモジナイザを使っても同様で，木質パルプからのCNF供給企業では，CNFの（実費製造）コストは乾燥状態で1kg 2～3万円（10年前）であった。

　このMFC（＝CNF），注目されたのは昨日，今日ではない。食品としても注目されてきた（「Microfibrillated cellulose, a new cellulose product: properties, uses, and commercial potential」，Turbak, A. F., Snyder, F. W., Sandberg, K. R., J. Appl. Polym. Sci.: Appl. Polym. Symp. 37（cellulose conference）24 May 1982）。この時，MFCは2% MFC懸濁液で，約1.5セント/lb（1.25ドル/MFC乾燥1kg）と記されている。30年間の物価の値上がり（5倍）を考慮したとしても1,000円未満でできることは可能なのかとは思えるが…。食品添加剤としてのMFCについては比較的最近「Nanocellulose as an additive in foodstuff（Innventia Report No. 403)」（2013）などにも詳細な情報，CNFの写真を見出すことができる。ソーセージの保湿材としても用いられているとのことで，何も知らずは我々はCNFを身近に使っていた，否，食べていたのである。化粧品にも使われていた。兎に角，新しい材料ではなさそうだ。しかし，力学的特性が優れていることに着目されたのは，ここ15年位ではないか[3]。

3.3　改質材としてのCNF
3.3.1　山椒は小粒でピリリと辛い
　金属材料と違い，一般にFRPには疲労限はないと思われている。ボーイングB787に代表されるように，カーボン繊維を使ったCFRPは構造物の軽量化に欠かせない。軽量化により，地球温暖化効果ガス（CO_2等）の排出を抑えるため[4]，乗用車の一次構造材料にも使われようとしている（図10）。しかし，いずれの利用でも，長期間CFRP製品を使用しなければ，LCAの観点からその意義を見出せず[5]，CFRPの耐久性向上は喫緊の課題である。

　他の特性を犠牲にせず，母材のじん性を高めればCFRPの耐久性は伸びる[6]。高分子系複合材料の母材樹脂へのナノフィラー添加は，その機械的特性を改善するための有効な手段として知られている[7]。CFRPのエポキシ母材をナノゴム粒子で変性することにより，静的強度が増し，疲労寿命が延びる[8]。しかし，ナノゴム粒子を添加すると，CFRPのヤング率は低下する。さらに耐熱性も損なわれる恐れがある。一方，ゴム粒子の代わりに細くて長い繊維，例えばCNFを母材に微量添加しても樹脂のじん性は高まる[9]。これより，樹脂母材にCNFを添加すればCFRPの疲労寿命も向上することが期待できる。

　図8，9に示されるように，CNFについては優れた機械的特性が注目され，最近でも複合材料の強化材やCNFのみで"すごい"《天然資源・バイオマス》部品が造られたり，構造物に応用

第1章　複合材料

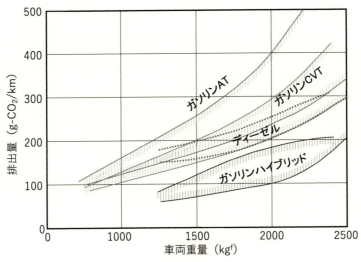

図10　乗用車の排気量別燃費（10・15モード）

できるような夢が描かれている。確かに，CNFの引張り強度，剛性はケブラー™やテクノーラ™などのアラミド繊維に匹敵すると見積もられている。CNFの繊維方向の線膨張係数は鋼の1/10と見積もられている。しかし，そのことを強調する用途は適切なのだろうか。CNFのような細い繊維を一方向に並べることは難しい[注4]。また，ある程度できたとしてもコストは性能に見合わない。一方，CNFがランダムに並んだ素材では，上述のように見積もられたCNFの特性を十分に発揮できない。たとえ成形物が透明／絶縁体になるとしても，既存の製品に対して優位性を保つことは難しい。CNFやCNTなどのナノ素材では，これを多量に使って製品をつくることはエネルギー的に見ても合理的とは言えない[注5]。CNFなるが故に，『僅かに使って大きな効果を挙げる』のが正しい活用の仕方ではないか。

著者らは，これまで15年間ほどCFRP母材のCNF変性効果について検討してきた。それによれば，「細くて長いCNFによる物理的変性により母材樹脂のじん性は増し，この母材を使ったCFRPの耐久性は飛躍的に増すことが分かった。以下，CFRPの疲労に及ぼすCNFの効果について述べる。

3.3.2　エポキシ母材のCNF（物理的）変性によるCFRPの疲労寿命の向上[10]

引張り−引張り繰り返し荷重下での疲労試験により得られた，CNF変性CFRPおよび無添加

注4) CNFを分散させた溶液をWET法などにより紡糸すればCNFがある程度一方向に並んだ繊維が得られる（例えば，Iwamoto, S., Isogai, A., Iwata, T.; "Structure and Mechanical Properties of Wet-Spun Fibers Made from Natural Cellulose Nanofibers", Biomacromolecules, 2011, 12(3), pp 831-836)。CNTでは，PVA水溶液にこれを分散させ，Electro Spinning法で防止する例もある。

注5) 原料を①砕いて砕いて砕いてNano化する。→②これをまた集めてマクロ材料にする。

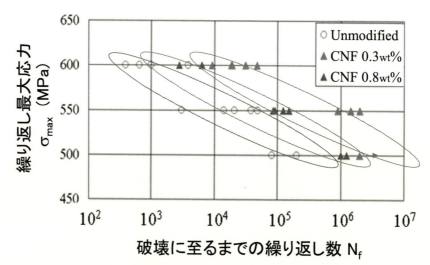

図11　CFRPの疲労寿命に及ぼすCNF添加の効果

　CFRPの疲労寿命曲線（S-N線図）を図11に示す。CFRPの強化材には平織炭素繊維布（三菱レイヨン㈱ TR3110M, 8層），エポキシ樹脂には三菱化学㈱：JER828CNFを用いた（硬化剤は三菱化学㈱JERキュア113）。CNFは親水性で，通常は90 wt%以上の水を含有する。エポキシ樹脂に混ぜるためには水を除去する必要がある。著者らはエタノール置換によりCNF周りから水を取り除き，エタノールを含有した状態でCNFをエポキシ樹脂中に分散させた。エポキシ樹脂はエタノールにより希釈されるため，粘度が下がる。そのため，プロセスホモジナイザで極めて容易にCNFをエポキシ樹脂中に均等分散させることができる。硬化剤を加える前に，真空脱泡によりエタノールを取り除くことができる。エタノール希釈→蒸散によってエポキシ樹脂の特性が悪くなることはない。CNFの添加量はせいぜい1 wt%までであり，これ以上CNFを添加するとエポキシ樹脂の粘度が増し，手積み成形によってCFRPを積層することができない。ここでは0.3および0.8 wt%とした。

　図11からわかるように，CNFをエポキシ母材に微量添加することにより疲労寿命は増す。ばらつきはあるが，低サイクル寿命域でも，CNF添加によるCFRPの疲労強度向上は確実に認められる。100万回を超える高サイクル疲労では，疲労寿命は無添加に比べてCNFの微量添加により10〜30倍と極めて顕著に延びる。CNFの含有率が低い0.3 wt%の方が，高い0.8 wt%よりもCFRPの疲労強度向上の効果は高い。

　この程度のCNF添加では，強化材が織物のCFRPの静的引張り強度が増すことはない。CNFが欠陥となって強度が下がることもない。同様に，ヤング率も変化しない。ただ，CNF含有率がより高い場合，あるいは強化材形態が異なる形態については静的特性が向上する可能性はある。

3.3.3　エポキシ母材のCNF（物理的）変性により，なぜCFRPの疲労寿命が向上するのか？

　「なぜ僅かな量のCNFをエポキシ母材に添加するだけで，疲労寿命が延びるのか」，そのメカ

ニズムを考える一助として疲労中の剛性低下に注目した.複合材料では,疲労により母材クラックや母材／繊維間の剥離,さらには層間剥離が生じ,疲労破壊に至る.このような内部損傷が生じると,強化繊維間の応力の再配分が十分なされず,見かけの剛性が低下する.剛性低下を観測すれば,疲労進展に伴う内部損傷の蓄積の様子を捉えることができる.図12は,繰り返し最大応力 σ_{max} が 550 MPa のときの各試験片の見かけの剛性低下曲線と疲労破断したときの様子を示す.図より母材への CNF の微量添加により繰り返し数の増加に伴う剛性低下が抑制されていることがわかる.繰り返し数 10^4 回の時点では,無添加に比べて CNF 微量添加により半分以上剛性低下が抑制されている,言い換えれば内部損傷の発生,進展,蓄積が小さくなった.無添加 CFRP では 10^4 回を超えた時点で剛性低下が急激に進む様子が読み取れる.一方,CNF を添加した場合,剛性低下はその後も徐々であり,両者の剛性低下の差は大きく異なってくる.0.3 wt%と 0.8 wt%では,剛性低下に対する CNF 添加量の影響は途中まで両者に大きな違いは認められないが,CNF 含有量が高い 0.8 wt%では CNF 無添加 CFRP の破断時の剛性低下に達する前に破断している.一方,0.3 wt%では,CNF 無添加 CFRP と同程度に剛性低下を示した後,疲労破壊を起こしている.

図12に付随する写真では見づらいが,CNF 無添加 CFRP は全ての層に渡って層間はく離を伴った破面が形成されている.一方,CNF 0.8 wt%含有 CFRP では層間はく離は少なく,荷重方向に垂直に鋭利な破断面が形成されている.CNF 0.3 wt%含有 CFRP はその中間の様相を示す.

図13は,$N = 10^6$ 回で疲労試験を止め,試験片側面を観察した光学顕微鏡写真である.内部損傷の様子を示す.CNF をエポキシ母材に添加しない場合,横方向に走るトランスバースき裂

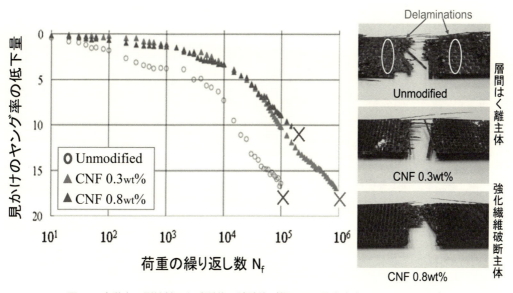

図12 疲労中の剛性低下と破断後の試験片(繰り返し最大応力 σ_{max} = 550 MPa)

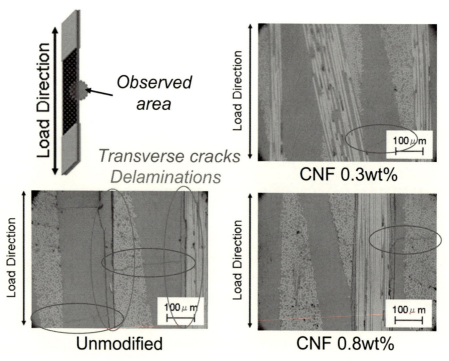

図13 疲労中の試験片側面の様子（$N = 10^6$, $\sigma_{max} = 350$ MPa）

と縦方向に伸びる層間き裂が認められる。一方，CNF を添加した場合，層間き裂は認められず，また，トランスバースき裂も未変性の場合よりも穏やかである。これより，エポキシ母材の CNF 変性により，樹脂とカーボン繊維間の接着性が増したのではと想像される。

3.3.4 CNF の適量添加により，エポキシ樹脂とカーボン繊維界面の接着強度が増す？

樹脂とカーボン繊維の界面接着性を調べるため，図14の（カーボン繊維を樹脂中に一本埋没させた）試験片を用い，フラグメンテーション試験を行った。試験片を引張り，繊維が一か所破断した時点で負荷を止め，カーボン繊維の破断点付近の繊維／樹脂界面の剥離の様子を調べた。図15は，そのときの光学顕微鏡写真で，透過光で観察している。繊維破断箇所からの繊維に沿う剥離（Fiber debonding）の大きさは，CNF 未添加 > 0.3% > 0.8%添加の順となる。0.8%添加では，剥離はほとんど認められない。すなわち，繊維／樹脂界面の接着強度は上記の逆順で大きくなる。この高い接着強度の疲労強度に及ぼす影響を把握するため，カーボン繊維を2本隣接させ，樹脂中に埋没させたフラグメンテーション試験片を用い，引張り試験を行った。結果を図16に示す。

同図によれば，① CNF 未添加と 0.3 wt%の場合，2本のカーボン繊維の中どちらか一方の繊維が破断しても，残りのカーボン繊維がその場で破断することは無い。図11と同様，破断箇所から界面剥離が生じるが，隣り合う繊維にも剥離は拡大している。この剥離により，隣接繊維に大きな応力が伝えられることは無い。そのため，最初に繊維破断した隣で，もう一方のカーボン

第1章　複合材料

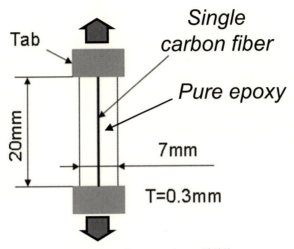

図14　フラグメンテーション試験片

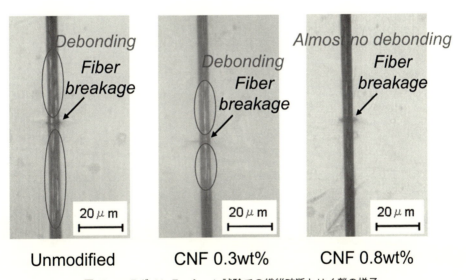

図15　フラグメンテーション試験での繊維破断とはく離の様子

繊維が直ちに破断することは無い。図12のCNF 0.3 wt%では最初に破断した箇所から少し離れたところで，2番目の繊維の破断が見られるが，これは同時に起こったわけではない。②一方，CNF 0.8 wt%では，2本のカーボン繊維は同じ箇所で破壊している様子が見出される。界面剥離も僅かしか認められない。これは，接着性が良好なことを示唆している。

　CNF未添加で繊維とエポキシ母材との接着強度が低い場合，疲労荷重の早期に横繊維束内に横き裂が生じる。この横き裂は，縦繊維束に突き当たるが，ここでも繊維／母材間の接着強度が低いため，縦繊維に沿う剥離は生じるが，その場で縦繊維を破断することはない。CNF 0.8%添加CFRPでは，接着性が良好なためある繊維が破断した場合，隣接するカーボン繊維も一気に

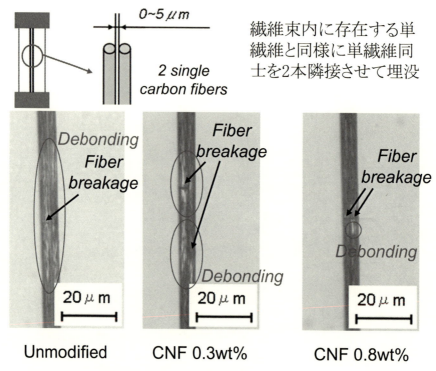

図16　カーボン繊維を2本隣接させて埋没させたフラグメンテーション試験片での繊維破断とはく離の様子

破断する割合が高い。そのため，破面は縦繊維に垂直で，フラットな性状を示す。

　繊維と樹脂の界面強度が中間のCNF 0.3％添加の場合の疲労挙動は，丁度中間の結果のようだと推察できる。CNF無添加に比べ，接着強度が高いため，横き裂の発生は遅くなる。しかし繰返し数の増加とともにやがて横き裂も生じる。この横き裂を起点として縦／横繊維束交差部の層間剥離も生じるが，CNF 0.8％添加の場合と同様，その成長は極めて遅い。（接着強度がやや低いため）縦繊維に到達した横き裂は，そこの応力集中が緩和され，縦繊維を直ちに切ることはない。繰り返し数の増加とともに繊維束間剥離の成長は進み，剛性低下で見れば0.8％添加の場合と同じような様相を呈する。その後も横き裂の発生は続くが，弱い接着強度のため，縦繊維を切断することは無い。繊維束間剥離の進展が続く限り，剛性低下も続き，その疲労寿命は最も長くなる。

　CNFにより母材樹脂とカーボン繊維間の見かけの接着強度が増すメカニズムを明らかにするため，一本のカーボン繊維を母材樹脂中に埋没させた試験片を作成した（図17）[11]。カーボン繊維の端は樹脂中にある。母材樹脂にはビニルエステル樹脂（VE）を用いた。光学観察を容易にするため，CNFに替え，直径〜500 nmの微細ガラス繊維（smGF）を樹脂中に分散させた。引張り負荷を繊維に垂直方向に加えると，smGFを添加していない試験片では，応力集中により

第1章　複合材料

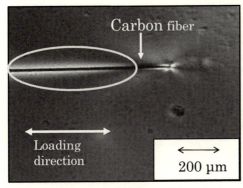
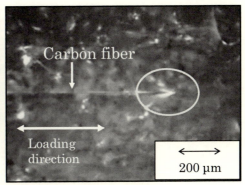

（a）微細ガラス繊維無し。応力 42MPa　　（b）微細ガラス繊維 0.3wt%添加。応力 40MPa
図17　カーボン繊維端での剥離発生の様子（樹脂：VE）

カーボン繊維端からき裂が発生し，カーボン繊維に沿って剥離き裂が一気に進む様子が観察される。その様子は，偏光顕微鏡下で観察した。一方，smGFを添加した樹脂では，カーボン繊維端からのき裂の早期発生，カーボン繊維に沿った剥離の成長は見られない。その代わり，樹脂全域に渡って輝点が認められる。

smGF先端はカーボン繊維端と同様応力集中点となり得る。そのため，負荷の早期にクレイズが発生，その付近の樹脂を塑性降伏させる。微細繊維が樹脂中に均一に分散している場合，カーボン繊維周りの母材樹脂も均等・均一に塑性降伏する。このような状況下では，応力集中は滑らかにされ，大きなき裂は生じにくく[12]，また，生じても，その成長は抑えられる。これにより，樹脂母材とカーボン繊維間の見かけの接着強度が増したと推察される。微細繊維は強化繊維に比べて極めて細いので，わずかの量で効果を発揮する。smGFの含有量がわずかでも，ナノサイズであるため，樹脂中に多数smGFは混入している。

3.4　CNFの活用

生物あるいは天然材料からナノ材料を取り出し，「良いところ取り」して，それらを集めてミクロからマクロ構造物（部品）を作り出すことは理想である。しかし，ナノ繊維を真っ直ぐ並べることは難しい。図6からわかるように，CNFの直線部は短い。ナノ繊維の含有率が50%の複合材料は実用的であろうか。現時点では，まずコスト面から実用的でない。CNFの寸法が揃い，磨砕などの処理が必要のないCNFに，ナタデココ（Nata de Coco，デザートとして食料品店で売られている。図18）に代表されるバクテリアセルロースがある。これはココナツミルクをベースに乳酸菌が作るCNFで，独特の歯ごたえを持つが，99%が水である。1wt%のCNFが水を閉じ込め，立方体形状を保っている。このナタデココを東南アジアで得たとしても3000円/乾燥CNF 1kg以下は難しい。現在市販されているパルプ由来のCNF（＝MFC）では20,000円/kgを下回る価格で手に入れることは難しい。また，たとえ安価に得られるとしても，

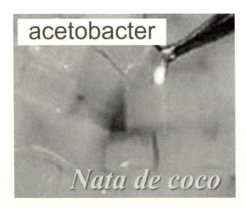

図18 ナタデココ

　CNF の強度・剛性がカーボン繊維を凌駕しないため，ランダムに並んだ純粋 CNF 板では，高い機械的特性を示すとは言えない。技術面からも，何をどのように期待するのか，難しい。
　ナノ繊維，ナノな故にミクロなレベルで曲がりやすい。直線状にナノ繊維を配置することは難しい。含有率を高めようとすれば，コストが飛躍的に増す。カーボン繊維などの強化繊維は，直径数〜十数 μm だが，極めて長い繊維である。そのため，ハンドリングも容易である。繊維の性能は極めて高い。「バラして」，「集めて」作るには，セルロース系ナノ繊維に大きな意義を見出すことは難しいと感じている。むしろ，微量な添加剤としての機能を追求する方が CNF，さらにはナノ繊維の用途として工業的価値が見出せる。CNF の場合，見かけの繊維／樹脂界面強度を上げる効果がある。実はセルロース・ナノ繊維だけではない。PVA でも同様な効果が得られている。ナノ繊維による樹脂の物理的変性は奥が深い。

文　　献

1) ナノセルロースフォーラム，「図解よくわかるナノセルロース」，日刊工業新聞社（2015）
2) Sinke H. Osong, Sven Norgren, Per Engstrand, *Cellulose*, **23**(1), 93-123 (2016)
3) 藤井透，高橋宣也，大窪和也，理工学研究報告（同志社大学），45, 50-55 (2005)
4) 国土交通省の資料（http://www.mlit.go.jp/common/000139542.pdf）を基に作成
5) 航空機・自動車・風車 LCA "炭素繊維協会モデル"（https://www.carbonfiber.gr.jp/tech/lca.html）
6) Y. Shao, K. Okubo, T. Fujii, O. Shibata, Y. Fujita, *Composites Science and Technology*, **104**, 125-135 (2014)
7) A. Allaoui, S. Bai, H. M. Cheng, J. B. Bai, *Composites Science and Technology*, **62**(15), 1993-1998 (2002)

8) M. Higashino, K. Takemura, T. Fujii, *Composite Structures*, **32**(1-4), 357-366 (1995)
9) 藤井透, 大窪和也, 上甲圭吾, 同志社大学理工学研究報告 46, 4, 112-116 (2006)
10) Y. Shao, K. Okubo, T. Fujii, O. Shibata, Y. Fujita, *Journal of Composite Materials*, **50**(29), 4065-4075 (2016)
11) R. Fujitani, K. Okubo, T. Fujii, Proceedings Volume 9800, Behavior and Mechanics of Multifunctional Materials and Composites 2016, 98000U (2016) https://doi.org/10.1117/12.2219466
12) 北川正義, 元村桂, 高分子材のクレイズおよび遅れき裂成長（ポリカーボネート）, 日本機械学会論文集, **42**(355), 676-683 (1976)

4 木質からのリグノセルロースナノファイバーの直接的製造と樹脂複合化技術

遠藤貴士[*]

4.1 はじめに

　木質等の植物から製造されるセルロースナノファイバー（以下，特別な場合を除き，ナノファイバーと記載）は，その特徴的な物性から，世界的にも注目を集めている。ナノファイバーは軽量（比重 1.5 g/cm^3），高強度（引っ張り強度 3〜8 GPa），高弾性（曲げ強度 150 GPa 程度），低熱膨張（石英ガラス並みの 0.1 ppm 程度），高チクソ性（せん断力で流動性が大きく低下），透明（幅 3〜20 nm で可視光の波長より微細）等の特徴を持っている。現在，これらの特徴を利用した技術開発が加速し，実用化された製品も増えている。

　最も期待されている利活用分野は，ナノファイバーの高度・高弾性の特徴を生かして樹脂等との複合化による，高強度材料である。ナノファイバーは，従来の樹脂補強無機フィラーと比較して，比重が小さく，複合材料の軽量化が期待できる。自動車部材に応用できれば，軽量化により燃費改善に貢献できる。

　しかし，ナノファイバーはあらゆる材料を高性能化できる万能素材ではない。ナノファイバーは「鋼鉄の5倍の強度で5分の1の軽さ」が枕詞であるが，複合化しても，樹脂を鋼鉄並みの強度にすることはできない。これは，複合則理論や過去の無機フィラー等を用いた同コンセプトの研究からも実証されている。

　セルロースナノファイバーは，近年はナノセルロースとも呼ばれているが，これは酸処理等で製造されるナノ結晶のセルロースであるセルロースナノクリスタルも含んだ名称である。

　我々の研究グループでは，パルプ化等を行わず，木質から直接的にナノファイバーを製造し[1,2]，樹脂やゴム等との複合化による高性能材料の開発を進めている。この場合のナノファイバーは，木質中のセルロース以外のヘミセルロースやリグニンを含有したリグノセルロースナノファイバーである。

　ナノファイバーは幅 3〜20 nm の超微細な有機繊維であるため，形態観察では，高分解能な電界放出形走査電子顕微鏡（FE-SEM）等を必要とする。繊維のダメージを抑制するため，低加速電圧での観察も重要である。写真1に我々の研究グループで作製したナノファイバーの写真を示す。サンプル調製では，アルコール（t-ブタノール）置換による凍結乾燥処理を行っている（通常の水からの凍結乾燥では凝集抑制は不十分）。この写真のナノファイバーの幅は約 20 nm であるが，化学処理を併用しない機械処理のみで得られるサイズの平均的な値である。

　本稿では，当研究グループで中心的に研究開発を進めているリグノセルロースナノファイバーに関する製造と複合材料化について解説する[3,4]。

---

[*] Takashi Endo　（国研）産業技術総合研究所　機能化学研究部門　セルロース材料グループ　研究グループ長

第1章　複合材料

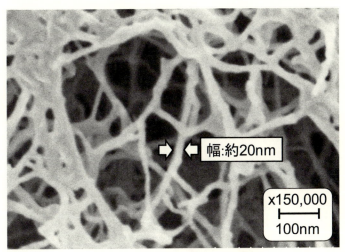

写真1　セルロースナノファイバーの高分解能電子顕微鏡（FE-SEM）写真

4.2　ナノファイバー製造装置

　ナノファイバーの製造プロセスは，機械処理のみによるナノ解繊と化学的表面処理（有機触媒（TEMPO）酸化や有機酸誘導体化処理）した原料を機械処理する方法の2つに大別される。機械処理のみで得られるナノファイバーの幅は20 nm程度であるが[1,5~7]，化学処理併用では，幅3 nmまで超微細化できる[8,9]。原料パルプをアセチル化した後に，樹脂と混練しながらナノ解繊する方法も注目されている[10]。

　ナノファイバー製造で一般的に用いられている機械装置としては，ディスクミル（電動石臼型摩砕機）と高圧ホモジナイザーがある。ディスクミルとしては，増幸産業㈱のマスコロイダーがよく知られている。精密なセラミック砥石を回転させて原料を水とともに摩砕する。高圧ホモジナイザーは，水分散原料に高圧を印加し，微細なスリットから大気圧に噴出させたときの圧力変化やせん断力・キャビテーション等によってナノ解繊する。どちらの場合も一般的に，大量の水（固形分濃度数％で水分散した原料から開始）と繰り返し機械処理が必須である。機械処理を繰り返すと，ナノ解繊は進行するが，ナノファイバーそのものへのダメージは大きくなり，結晶性の低下等が起きる[11]。

　我々の研究グループでは，樹脂やゴム補強用の比較的，繊維幅分布の広いナノファイバーはディスクミルで製造し，センサー作製や特殊用途では，ディスクミル処理物をさらに高圧ホモジナイザーで均質化して用いている。図1に一般的な機械処理によるナノファイバー製造プロセスを示した。その他の装置としては，機械式ホモジナイザーや超音波ホモジナイザーも用いられているが，ナノファイバー製造よりは均質化処理としての利用が多い。

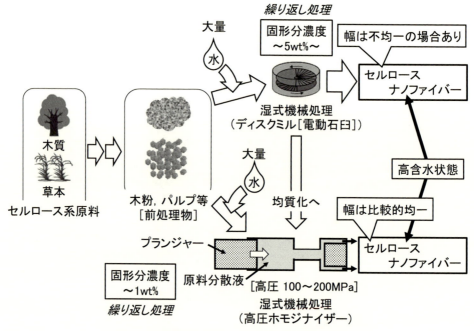

図1　一般的セルロースナノファイバー製造プロセス

4.3　ナノファイバー製造メカニズム

　木質の主要3大成分は，セルロース，ヘミセルロースおよびリグニンである。最も多いのは，セルロースであり，約50％を占めている。

　木質において生合成された，セルロース分子は，直ちに規則正しく自己集合して，セルロースミクロフィブリルと呼ばれる超微細繊維を形成する。このミクロフィブリルの幅が約3 nmであり，ナノファイバーの本体であり，セルロース結晶でもある。このミクロフィブリルが集合して，層状に積層することで木質組織が形成されている。木質等からのナノファイバー製造は，この木質の集合した組織構造をほぐすことで製造されている。前述の化学処理を併用した方法で得られるナノファイバーは，ミクロフィブリルそのものであり，シングルナノファイバーとも呼ばれる。機械処理のみでは，複数本のミクロフィブリルが集合した状態（幅20 nm程度）が，ほぐす限界となる。

　木質は，古くから建材等として利用されており，強靱かつ高い耐久性を持っていることはよく知られている。木質から直接的にナノファイバーを効率よく製造するためには，木質が本質的に持っている強靱化要因を取り除く必要がある。強靱化要因としては，木質組織構造とヘミセルロース等による接着作用がある。

　木質組織のモデルを図2に示した。木質組織は，水が通る仮導管等を中心とした層構造であり，外側から細胞間層，一次壁，二次壁と続いている。二次壁が最も厚く，さらに大きく3層（S1，S2，S3）に分かれている。各層では，ミクロフィブリルが同一方向に整列しており，それ

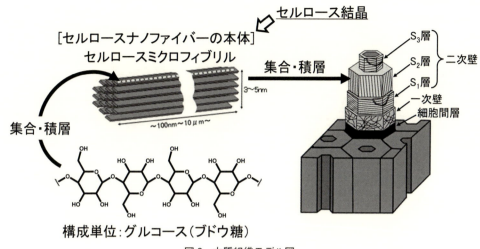

図2　木質組織モデル図

ぞれ方向が異なっている。二次壁の一番外側のS1層は内側の組織を縛り付けた桶や樽のタガと同様の作用をしている。このような構造は，木質組織の強靭化要因の一つである。

　もう一つの強靭化要因は，ヘミセルロース等による接着作用である。ミクロフィブリルの周囲には，ヘミセルロースやリグニンが存在しており，隙間を充填してお互いを接着しいる。木質組織をほぐして，ナノファイバーを製造するためには，組織内部へ水分子が侵入して，クサビの様な作用をする必要がある。

　木質から薬品処理等を経て製造されたパルプでは，木質組織構造が破壊され，ヘミセルロースやリグニンは，パルプ化工程で取り除かれている。そのため，パルプからのナノファイバー製造は，木質からの直接的製造と比較して容易な場合が多い。

4.4　木質からの直接的ナノファイバー製造

　木質の微細化方法としては，実験室的にはボールミルを用いた乾式処理はよく用いられている。しかし，この方法では，得られる粒子の限界は，10～20μm程度で，ナノサイズの粒子はほとんど得られない[12]。また，乾式処理では，繊維の切断も同時に起こるため，生成物は粒子状になり繊維状の微細化物質を得ることも困難である。そこで，種々の機械的処理方法を検討した結果，製紙分野で行われている，叩解（こうかい：たたく＋ほぐす）処理が有効と考えられた。叩解は，含水状態にしたパルプ原料に機械的にせん断力や圧力を印加して，太いパルプ繊維を，さらに微細繊維化したり，繊維表面を毛羽立たせたりする処理である。この処理により，抄紙時にパルプ繊維同士の絡まり合いや繊維間の水素結合形成能力が増大して，紙の強度が向上する。

　製紙分野では，叩解専用機を用いるが，実験室では，遊星ボールミル等を用いた湿式粉砕で代用することもできる。木質原料を直接的に湿式微細化処理して得られるナノファイバーは，工程で精製等は行っていないため，生成物はリグニンやヘミセルロースを含有したリグノセルロース

ナノファイバーである。この成分組成は，原料の木粉とほぼ同等であり，セルロース以外の成分は独立で存在することなくほぼ，セルロース表面（ナノファイバー表面）に付着している[13～15]。

木質原料から直接的にナノファイバーを製造する場合，実際には丸太が最初の原料となる。丸太を直接，ナノ解繊することは極めて困難であるため，ナノ解繊装置に投入できるサイズまで小さくする必要がある。単純な工程としては，丸太→チップ→木粉（大）→木粉（小）→ナノファイバー，と多段階の処理が必要になる。それぞれの段階では，サイズに応じて最適化された装置が存在しており，一段階で無理に微細化するよりも，多段階で処理した方が，生産性やコストでも有利となる場合が多い。

4.5 リグノセルロースナノファイバーの製造効率化

木粉（パルプ）を水に分散させて，湿式ボールミル処理すれば，ナノファイバーは製造できるが，大量・連続処理は困難である。そこで我々のグループでは，ディスクミルを用いたナノ解繊方法を取り入れている。この方法は，多くの国内外のナノファイバー研究機関でも実施されている。我々の研究グループでは，木粉（粒径 200 μm 程度）を固形分濃度 5 wt% 程度で水に分散させたスラリーを複数回，ディスクミル処理することで，幅 20 nm 程度のナノファイバーを製造することができた。しかしながら，樹種により生産性に違いが発生し，硬質な広葉樹は比較的柔らかい針葉樹と比較してナノ解繊の効率が低下した。そこで，原料の事前処理として，木質の強靱化要因を除去し，組織を脆弱化する方法を検討した。

木質組織の強靱化要因の一つである組織構造の部分破壊方法としては，ボールミルを用いた短時間処理やカッターミルによる微粉砕処理（100 μm 程度）が有効であった。我々の研究グループでは，大量処理方法として，高速湿式カッターミル（増幸産業㈱・ミクロマイスター）で微細化する方法も用いている（固形分濃度 15～20 wt% 程度で水と混合して処理）。最終段階のナノ解繊工程では，原料を水分散させるため，ここでの湿式処理は問題にはならない。

もう一つの強靱化要因として，ヘミセルロース等による接着作用がある。ヘミセルロースを分解する方法としては，圧力容器での 100℃ 以上の加圧熱水による加水分解作用を利用する処理方法（水熱処理）が簡便である。水熱処理では，140℃ 程度から，ヘミセルロースが加水分解し，セルロースは 230℃ 程度から加水分解する[16,17]。この処理では，薬品を添加することなく，水を高温にすることのみで，選択的に木質成分を加水分解することができる。リグニンは，水熱処理では完全な分解除去はできないが，ヘミセルロースが加水分解するとリグニンの接着効果も低減できる。しかし，水のみの場合，160℃ を超える高温水熱処理では，リグニン変性物がマイナス効果を起こす場合もある[18]。

以上の事前の機械的微細化処理と水熱処理を組み合わせる方法により，効果的に木質組織を脆弱化でき，ナノ解繊効率は向上する。我々の研究グループでは，これらの複合処理を「水熱メカノケミカル処理」と呼んでいる。図3に水熱メカノケミカル処理のモデル図を示した。

第1章　複合材料

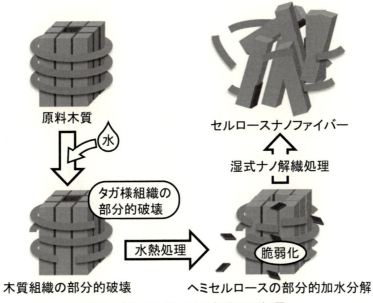

図3　水熱メカノケミカル処理のモデル図

4.6　ナノファイバーの樹脂複合化技術

　現在，ナノファイバー樹脂複合材料の開発が注目されている。しかし，ナノファイバーは大量の水分散状態で得られるため，ポリプロピレン（PP）等の疎水性樹脂との複合化では，水の除去，ナノファイバーの凝集抑制，樹脂中への均一分散が重要となる。ナノファイバーは極めて凝集性が高いため，単純な熱風乾燥等では，硬い凝集体となり，樹脂への分散が困難となる。凝集体は微細でも複合材料中の欠陥となり物性低下を招く。また，前述のように，セルロースは230℃程度から加水分解するため，高融点の樹脂への複合化は困難となる。我々の研究グループでの水溶性ポリマーや水系樹脂エマルジョンを用いたモデル試験では，均一分散できれば，わずか1 wt%のナノファイバー添加でも，物性向上できることを確認している。

　高含水状態のナノファイバーをPPに複合化させる基盤試験方法として，ナノファイバーを凍結乾燥した後，樹脂と複合化させる方法はよく実施されている。しかし，凍結乾燥は高コストプロセスであり，実用化は難しい。そこで，より現実的な疎水性樹脂との複合化方法として，高含水ナノファイバーの脱水・乾燥と樹脂複合化を同時に進行させるマスターバッチ法を開発した[19]。通常，PPを180〜200℃で溶融させて，高含水ナノファイバーをそのまま添加した場合，急激な水の蒸発に伴い，ナノファイバーは強度に凝集する。そこで，融点が100℃以下の低融点特殊樹脂を用いてマスターバッチを作製した。低融点特殊樹脂としては，オレフィンの物性改良用樹脂（三井化学，タフマー等）を用いた。具体的には，比較的低温で溶融させた特殊樹脂に高含水ナノファイバーを少量ずつ添加し，ゆっくりと水を蒸発させながら水と樹脂を置換することで，均一に混練した。最終的なナノファイバー濃度は50 wt%程度まで高めることができた。次

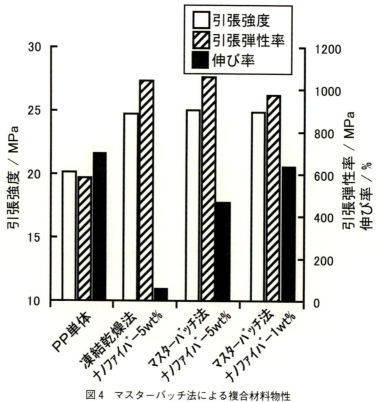

図4 マスターバッチ法による複合材料物性

いで，このマスターバッチをPPと溶融混練して所定濃度まで希釈した。図4にヒノキ由来リグノセルロースナノファイバーを用いて作製した複合材料の強度試験結果を示す。比較として凍結乾燥物を複合化した結果も合わせて示した。PP単体と比較して，マスターバッチ法および凍結乾燥法の両方とも，複合材料の強度物性（引っ張り強度，弾性率）は向上したが，伸び率の差は特徴的であった。PP単体は700%程度の伸び率を示したが，凍結乾燥法では5wt%添加で，60%程度まで大きく低下した。一方，マスターバッチ法では，5wt%添加で400%以上の伸び率を保持していた。このことは，ナノファイバーが樹脂中で均一に分散していることを示している。セルロース分子（ナノファイバー）自身は伸びる特性が極めて小さいため，ナノファイバーが凝集したり，お互いに接触していたりすると伸び物性は大きく低下する。マスターバッチ法の場合，注意が必要なのは，マスターバッチを製造する際に用いる樹脂が，最終的な複合材料の物性低下を引き起こす場合があることである。マスターバッチ用樹脂と希釈用樹脂の相性は重要である。

我々の研究グループでは，上記の方法の他，粉末樹脂に直接的に固相状態で高含水ナノファイバーを複合化させる固相せん断法[20]の開発も行っている。この方法は，元々，カーボンナノチューブ等のナノ物質の樹脂分散手法[21]として開発されたものである。

試験では，我々のグループで通常用いているPP（日本ポリプロ・ノバテックMA3）を，粉

第1章 複合材料

砕メーカーにて凍結粉砕した粉末PPを用いた。試験では,混練装置を用い,粉末PPを充填し,樹脂が溶融しない温度条件で高含水ナノファイバーを徐々に添加して複合化した。この工程では,せん断力が十分に印加されるようにトルクのモニタリングが重要である。混練中に摩擦熱等により水分は蒸発するが,必要に応じて,混練装置から取り出して,50℃程度で熱風乾燥を行った。その後,ナノファイバーとPPとの界面を接着させる相容化剤(マレイン酸グラフト化ポリプロピレン,化薬アクゾ㈱カヤブリッド)を添加(乾燥が十分行うことができれば,最初から添加することもできる)し,ポリプロピレンの溶融温度まで加熱して溶融混練を行い,複合材料を作製した。複合材料の強度物性評価を行った結果(図5),引っ張り強度・弾性率ともに向上し,特に伸び率の保持が顕著であった。凍結乾燥物を単純溶融混練した場合では,伸び率はわずか7%程度であったが,固相せん断処理物では,500%以上となり,著しく高い伸び物性を示した。これは,前述と同様に,樹脂中でナノファイバーが十分に分散していることを示している。この固相せん断法は,凍結乾燥ナノファイバーおよび高含水ナノファイバーのどちらにも有効であった。これらの他にも,ナノファイバー表面を界面活性剤でコートする手法[22]についても研究を進めている。

以上,これまでに開発を進めてきた,マスターバッチ法や固相せん断法では,少ないナノファイバー添加で,複合材料の強度物性が向上でき,さらに,高い伸び物性も発揮させることができた。これらの複合材料は,他の系では困難とされている耐衝撃性も向上(1.5倍以上)している。

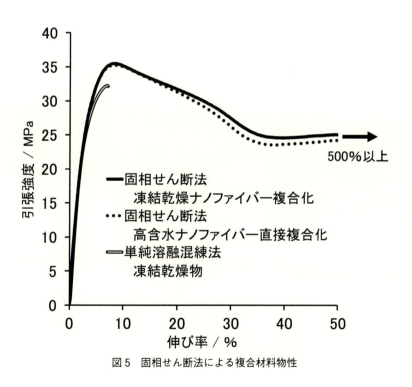

図5 固相せん断法による複合材料物性

4.7 おわりに

我々の研究グループの試験では，リグノセルロースナノファイバーは，高純度セルロースナノファイバーと比較して樹脂補強効果が高い結果を得ている。その理由として，疎水性のリグニンによるPP等疎水性樹脂との界面接着性の向上効果が挙げられているが，リグノセルロースナノファイバーは，ヘミセルロース等が持つイオン性官能基により，凝集力が比較的低く，この性質により分散性が向上して補強効果が発揮していると考えている。

木質等から直接的に製造するリグノセルロースナノファイバーは，工程で精製等のプロセスが必要なく，また，従来廃棄されていた未利用資源（例えば，おが屑，林地残材，稲わら，もみ殻等）からも製造でき，実用化や低コスト化の面からも利点がある。

写真2に我々が参画していたプロジェクト[23,24]等において，産学官連携により製造した，試作品を示す。これらは，既存の設備・金型を用いて製造している。我々の開発技術による複合材料は，成形加工性が高く，従来の無機フィラー系複合材料では成形加工が困難であった部素材への応用も有望である。

現在，ナノファイバーを用いた自動車用部材の開発が注目されているが，自動車分野は性能とともにコスト要求も厳しい。将来的に，自動車への応用を想定しながらも，現状では，多少高コストでも性能重視で市場展開可能な製品への応用も進めることも重要である。

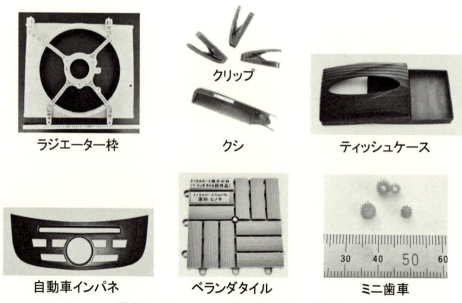

写真2　ナノファイバー複合材料を用いた試作品

第1章　複合材料

文　　献

1) 遠藤貴士, シンセシオロジー, **2**(4), 310-320 (2009)
2) 特許第 5206947 号 (2013)
3) 遠藤貴士ほか, 工業材料, **65**(8), 35-39 (2017)
4) 遠藤貴士, 科学と工業, **91**(12), 400-408 (2017)
5) A. N. Nakagaito et al., *Appl. Phys. A Mater. Sic. Process.*, **78**(4), 547-552 (2004)
6) SH. Lee et al., *Biores. Tech.*, **100**, 275-279 (2009)
7) SH. Lee et al., *Biores. Tech.*, **101**, 769-774 (2010)
8) T. Saito et al., *Biomacromolecules*, **7**(6), 1687-1691 (2006)
9) S. Iwamoto et al., *ACS Macro letters*, **4**(1), 80-83 (2015)
10) Nanocellulose symposium 2016「構造用セルロースナノファイバー材料の社会実装に向けて」要旨, pp. 32-56 (2016)
11) S. Iwamoto et al., *Appl. Phys. A Mater. Sic. Process.*, **89**(2), 461-466 (2007)
12) 遠藤貴士ほか, 高分子論文集, **56**(3), 166-173 (1999)
13) A. Kumagai et al., *Biomacromolecules*, **14**(7), 2420-2426 (2013)
14) A. Kumagai et al., *Cellulose*, **21**(3), 2433-2444 (2014)
15) A. Kumagai et al., *Cellulose*, **25**(7), 3885-3897 (2018)
16) H. Ando et al., *Ind. Eng. Chem. Res.*, **39**(10), 3688-3693 (2000)
17) T. Sakaki et al., *Ind. Eng. Chem. Res.*, **41**(4), 661-665 (2002)
18) A. Kumagai et al., *Biotechnology and Bioengineering*, **113**(7), 1441-1447 (2016)
19) S. Iwamoto et al., *Materials*, **7**(10), 6919-6929 (2014)
20) S. Iwamoto et al., *Cellulose*, **21**(3), 1573-1580 (2014)
21) K. Wakabayashi et al., *Macromolecules*, **41**(6), 1905-1908 (2008)
22) S. Iwamoto et al., *Compos. Part A Appl. Sci. Manuf.*, **59**, 26-29 (2014)
23) 文部科学省・気候変動に対応した新たな社会の創出に向けた社会システムの改革プログラム「森と人が共生するSMART工場モデル実証（平成22-26年度）」
24) 農林水産省・革新的技術創造促進事業（異分野融合）「農林系廃棄物を用いたハイブリッドバイオマスフィラー製造および複合材料開発（平成26-28年度）」

5 セルロースナノファイバー強化ゴム材料の開発

長谷朝博[*]

5.1 はじめに

　セルロースナノファイバー（CNF）は，地球上に豊富に存在する再生可能なバイオマスの一つであるセルロースを原料とするナノ繊維であることから，持続型社会構築のためのキーマテリアルとして注目されている。特に，国土の約7割を森林が占める日本は，木質バイオマスが豊富な国であるということができる。このことから，木質バイオマスの有効活用を図ることが持続型社会を目指していく上で非常に重要な取り組みであると考えられており，CNFの使用用途拡大による木質バイオマスの利活用促進への期待は大きい。

　CNFの研究開発の推進が，国家の成長戦略に位置づけられたことを受けて，2014年にオールジャパン体制でのコンソーシアム「ナノセルロースフォーラム」が設立された。この流れは国内の各地域にも波及しており，地方創生の推進と相俟ってCNFの実用化促進に向けた取り組みは拡がっており，CNFへの注目度・期待度は年々高まってきている。このような状況の中，CNFを活用したゲルインクボールペン，大人用紙おむつ，スピーカー，ヘッドフォン等が実用化されており，2018年6月にはCNF強化スポンジをミッドソール部材に活用したスポーツシューズが上市された。

　CNF強化複合材料の分野では，ゴムとCNFとの複合化に関する研究が盛んに行われるようになってきており，CNFをゴムの補強剤として用いた際にカーボンブラックやシリカ等の従来の補強剤に比べて少量添加で優れた補強効果を発現することが報告されてきている[1〜5]。本節では，CNFと天然ゴム（NR）との複合化により作製したバイオマス比率の高い環境にやさしいCNF強化ゴム材料について，CNFの分散性や形状，さらにはCNFとNRとの界面接着性がゴム材料の物性に及ぼす影響について解説するとともに，CNF強化ゴム材料の実用化を見据えたスポンジゴム材料への応用[6,7]について紹介する．

5.2 CNFの作製方法と特徴

　CNFには，もっとも基本となる単位である幅3〜4 nmのセルロースミクロフィブリル（シングルCNF），それが数本のゆるやかな束となって植物の細胞壁中での基本単位として存在する幅10〜20 nmのセルロースミクロフィブリル束，ミクロフィブリル束がさらに数十〜数百nmの束となったミクロフィブリル化セルロース等がある[8]。CNFは，木質中でヘミセルロースやリグニンの作用により強固に拘束された状態にあるため，これを採取するためには機械的解繊あるいは化学的方法と機械的解繊を組合せた解繊処理を施すことが必要である。

　化学的な処理法としては，TEMPO（2,2,6,6-テトラメチルピペリジン-1-オキシラジカルの

---

[*] Asahiro Nagatani　兵庫県立工業技術センター　材料・分析技術部
化学材料グループ担当次長

略）酸化法が広く知られている[9]。TEMPO 酸化による前処理と水中解繊処理を施すことによって，①完全ナノ分散，②超極細均一幅（繊維径が 3〜4 nm），③高アスペクト比，④高結晶性，⑤高収率，⑥表面にイオン交換可能なカルボキシ基を高密度で有する等の特徴をもつシングル CNF が得られる。実用化の観点からみるとシングル CNF の方が先行しており，先述のゲルインクボールペン，大人用紙おむつ等が既に製品化されている。

一方，機械的解繊処理法としては，高圧ホモジナイザー法，マイクロフルイダイザー法，水中カウンターコリジョン法[10]，グラインダー法等が広く用いられており，これらの方法で処理すると繊維径が 10〜数百 nm 程度の CNF が得られる。機械的解繊処理法により作製した CNF では，一般的に化学的な処理法を組み合わせて解繊処理を行ったものに比べて繊維径のばらつきが大きい。また，リグニン，ヘミセルロース成分を含む木質繊維から水熱処理や機械的解繊処理法により作製したリグノ CNF が注目されている。リグノ CNF は，クラフトパルプ由来の CNF よりも疎水性が高いことから，疎水性の高い樹脂材料等への応用が期待されている[11]。以上のように，一口に CNF と言っても機械的解繊処理法で作製した CNF と化学的解繊処理法で作製した CNF では，その性状（特に，繊維径）が大きく異なるため，用途・目的・コストに応じた使い分けが重要である。

5.3 CNF 強化ゴム材料
5.3.1 CNF とゴムとの混練技術に関する動向

一般的に，CNF は原料となる木質繊維を水に分散（1〜10 wt%程度の濃度）させた後，解繊処理を施すことによって作製するため，通常は 90%以上の水を含んだスラリー状の懸濁液として得られる。これを乾燥するとセルロース分子内の水酸基を介した水素結合により CNF 同士が凝集することが大きな課題である。そのため，密閉式混練機やオープンロールを用いた通常の混練プロセスで CNF を乾燥させながらゴム中に均一分散させることは非常に困難である。このような課題への対応として，CNF 表面の化学処理等によって水酸基を保護するとともに，表面の疎水化等を図ることで CNF 同士の凝集を抑制しながら乾燥させた粉末状のドライ CNF の開発が進みつつある。このドライ CNF については，製紙メーカー等からのサンプル提供が一部始まっていることから，通常の混練プロセスでゴムに混練すること自体は容易になった。しかし，ドライ CNF をゴム中に均一分散させることは非常にハードルが高いと予想されることから，ゴムへの分散性に優れたドライ CNF の開発に関する今後の動向が注目される。

上記のような処理を施していないスラリー状の CNF 懸濁液をゴム中に均一分散させるためには両者の複合化を予め水分散状態で行うことが好ましく，先ずは各種ゴムのラテックスを用い，CNF を高濃度で配合したウエットマスターバッチを作製する。次に，凝固・乾燥処理を施した後に通常のゴム混練法でこのマスターバッチを固形ゴムにゴム用配合剤とともに混ぜ込み，CNF 配合量を調製するという方法が CNF の均一分散化を図る上で有効である。このようにラテックスと CNF 水分散液を混練するプロセスを経由してゴム中の CNF の均一分散化を図る有

効な手法として，二段階弾性混練法が提唱されている[12]。

一方，ラテックスではなく固形ゴムにCNFを混ぜ込む手法として，CNFを予め軟化剤や可塑剤等の液状ゴム配合剤に混合してから水を除去した後にゴムに直接混練する方法が提唱されている[13,14]。この方法は，固形ゴムへのCNFの直接混練において，CNF同士の凝集を抑制しながらゴム中に均一分散させる手法として有用である。また，CNFを水系以外の可塑剤や希釈剤等の液体中で解繊したCNF分散材が開発されており[15]，このCNF分散材を固形ゴムに直接混練する方法もCNFをゴム中に均一分散させる有効な手法である。

5.3.2 CNF強化ゴム材料の作製

以下に記載の材料を用い，NR/CNF複合材料及びNR/CNFスポンジゴム材料を作製し，その諸特性や内部構造の観察を行った。マトリックス材としてバイオマス由来のゴム材料であるNRのハイアンモニア処理ラテックスを使用した。CNFは，機械的な解繊処理により作製したもの（㈱スギノマシン製，BiNFi-s；極長繊維品，標準品及び極短繊維品）ならびに各種原料（ヒノキ，ユーカリ，バガス）中の構成成分を調製せずにそのまま粗粉砕した後にグラインダーによる解繊処理で作製したもの（リグノCNF）を使用した。リグノCNFについては，解繊初期・中期・後期それぞれの段階で採取し，繊維形態の異なるCNFを作製した。また，CNFの形態については，走査型電子顕微鏡（SEM）による観察を行った。さらに，CNFの比表面積については，ガス吸着方式比表面積計を用いて窒素ガスを試料に吹き込み，BET法により1g当たりの比表面積を算出した。

NR/CNF複合材料作製の際の加硫系配合剤としてはステアリン酸，酸化亜鉛，硫黄，加硫促進剤（スルフェンアミド系促進剤BBS）を用いた。スポンジゴム作製の際の架橋剤としてはジクミルペルオキシド（DCP），化学発泡剤としてはアゾジカルボンアミド（ADCA）を用いた。

ホモジナイザーや自転・公転ミキサー等を用いて所定条件でCNFとNRラテックスとの撹拌混合を行うことにより，CNF配合ウエットマスターバッチを作製した。NR/CNF複合材料については，ウエットマスターバッチを乾燥処理した後，オープンロールで加硫系配合剤（ステアリン酸，酸化亜鉛，硫黄，加硫促進剤）を混練する方法を採用し，ゴム中のCNFの均一分散化を図った。表1に示す配合により作製したコンパウンドを，所定厚みの金型を用いてプレス成形機により150℃で所定時間加熱プレス成形し，加硫ゴムシートを作製した。

5.3.3 CNF強化ゴム材料の引張物性

(1) 引張物性への繊維長の影響

CNFの形状については，電子顕微鏡観察等により繊維径を求めることはできるが，その繊維長を直接的に求めるのは困難である。そこで，CNF懸濁液の粘度測定等の結果から繊維長を間接的に見積もっており，高粘度のものほど繊維長が長いということを一つの判断基準としている。ここでは，図1に示した極短繊維品（粘度：700 mPa・s），標準品（粘度：3000 mPa・s），極長繊維品（粘度：7500 mPa・s）をNRに一定量添加し，引張物性への繊維長の影響について評価した。

第1章 複合材料

表1 NR/CNF 複合材料及び NR/CNF スポンジゴム材料の配合

(単位：phr)

	NR	NR/CNF 複合材料	NR/CNF スポンジゴム
NR	100	100	100
CNF	0	3〜10	1〜10
酸化亜鉛	6.0	6.0	—
硫黄	3.5	3.5	—
ステアリン酸	0.5	0.5	1.0
促進剤 BBS	0.7	0.7	—
架橋剤 DCP	—	—	1.0
発泡剤 ADCA	—	—	10.0

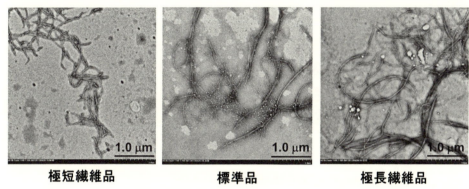

極短繊維品　　　標準品　　　極長繊維品

図1　繊維長の異なる CNF の透過型電子顕微鏡（TEM）像

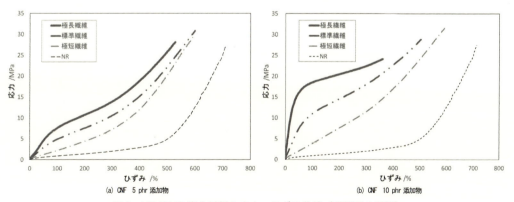

(a) CNF 5 phr 添加物　　　(b) CNF 10 phr 添加物

図2　NR/CNF 複合材料の応力－ひずみ曲線（繊維長の影響）

　繊維長の異なる各種 CNF を NR に 5 phr 及び 10 phr 添加した NR/CNF 複合材料の応力－ひずみ曲線を図2に示す。いずれの複合材料も接着処理は行っていないが，繊維長の違いによる引張物性への影響が顕著にあらわれた。5 phr 添加物，10 phr 添加物ともに繊維長が長いものほど各ひずみ領域における引張応力は大きくなった。5 phr 添加物では，いずれの複合材料も引張強

159

さはNRよりも大きくなった。破断伸びについては，極短繊維及び標準繊維を添加したものでは約600%，極長繊維を添加したものでは530%を示し，いずれの複合材料も引張強さ，破断伸びともに良好なバランスを示した。

　一方，10 phr添加物では，極短繊維及び標準繊維を添加したものは引張強さがNRよりも大きくなったが，極長繊維を添加したものはNRよりも低下した。また，繊維長が長くなるとともに破断伸びが大きく低下した。これは，CNFを多量に添加すると，繊維長が長いものほど繊維同士の絡まり合いが生じ，CNFの分散性が低下するためではないかと考えられる。各ひずみ領域における引張応力は，繊維長が長くなるとともに著しく増大したが，標準繊維や極長繊維を添加したものでは伸びが100%以内の領域で応力－ひずみ曲線の傾きが大きく変化した。この現象は，CNFとNRとの界面ですべりが生じていることに因るものと考えられることから，複合材料の物性向上のためにはCNFとNRとの界面接着処理が必要であることが示唆された。

　CNFはアスペクト比の大きな繊維であることから，オープンロールによる混練やシート出しを行った際にCNFがロール列理方向に沿って配向し，引張物性に影響を及ぼす懸念がある。CNF 10 phr添加物について，列理方向とその直角方向に沿って試験片を採取し，引張試験を行った結果を図3に示す。極短繊維を添加したものでは列理方向とその直角方向において顕著な異方性が認められなかった。これに対し，極長繊維を添加したものでは列理方向とその直角方向では引張物性が大きく異なる挙動を示した。このことから，CNF強化ゴム材料の材料物性をコントロールしていく上でCNFのアスペクト比やその配向が重要な因子であることが明らかになった。

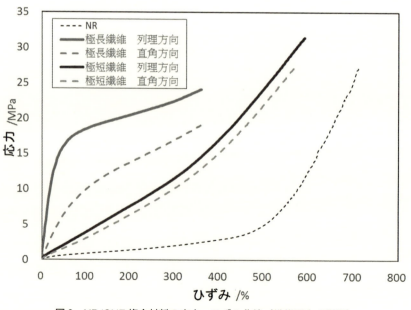

図3　NR/CNF複合材料の応力－ひずみ曲線（繊維配向の影響）

第1章　複合材料

(2) 引張物性への繊維種の影響[16]

各種条件で作製したヒノキ及びバガス由来のリグノ CNF の SEM 像を図4に示す。いずれのリグノ CNF も解繊初期の段階で採取したものでは処理が不十分なために元の木質繊維の形状を留めており，ほとんどナノファイバー化していなかった。これに対して，ヒノキ由来のリグノ CNF では解繊中期や解繊後期の段階で採取したものでは十分にナノファイバー化が進行している様子が観察された。一方，バガス由来のリグノ CNF では解繊中期ではまだナノファイバー化が不十分で，解繊後期でようやくナノファイバー化していることがわかった。

各種リグノ CNF の比表面積を表2に示す。ヒノキ由来やユーカリ由来のリグノ CNF では解繊中期の段階で比表面積が急激に増大し，比較的早い処理段階でナノファイバー化していることがわかった。一方，バガス由来のリグノ CNF では解繊処理の進行にともない比表面積が段階的に増大するものの，解繊後期の段階でも木質由来のリグノ CNF ほどに比表面積は大きくはならないことが判明した。以上の SEM 観察や比表面積の測定結果から，木質由来のリグノ CNF と非木質由来のリグノ CNF では機械的解繊処理によるナノファイバー化において，その進行過程に大きな相違があることが明らかになった。

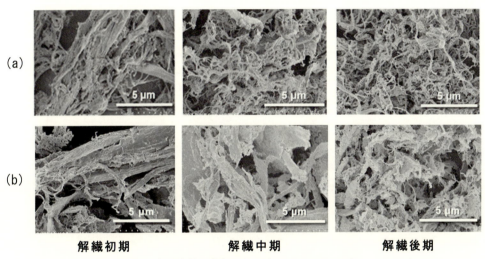

図4　各種条件で作製したリグノ CNF の SEM 像
(a)ヒノキ由来　(b)バガス由来

表2　各種リグノ CNF の比表面積

(m^2/g)

	ヒノキ	ユーカリ	バガス
解繊初期	20.4	11.5	18.9
解繊中期	108.4	89.5	22.7
解繊後期	107.1	168.6	51.9

ヒノキ由来の各種リグノ CNF ならびに市販の機械処理 CNF（極短繊維品）を 5 phr 複合化した NR/CNF 複合材料の応力－ひずみ曲線を図 5 に示す。解繊初期の段階で採取したリグノ CNF では処理が不十分なためにナノファイバー化しておらず，補強効果が小さいことがわかった。一方，解繊中期や解繊後期の段階で採取したものでは補強効果が増大するものの，その補強効果は市販の機械処理 CNF の極短繊維と同程度であった。また，解繊中期から解繊後期へ処理が進行するにしたがい，補強効果が低下する傾向がみられた。これは，解繊処理を強く施しすぎるとナノファイバー化の進行と同時に繊維折損が起こるため，CNF のアスペクト比が低下したことに起因するものと考えられる。このように，構成成分を調製せずにグラインダーによる解繊処理を行った場合，繊維折損の影響が顕著にあらわれるため，リグノ CNF によるゴムの補強の際にはリグニン含量を予め減らす等の成分調製や繊維折損を抑制するような解繊処理法の工夫が必要である。

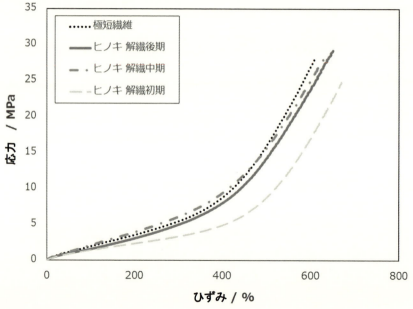

図5　各種条件で作製したヒノキ由来のリグノ CNF を添加した NR/CNF 複合材料の応力－ひずみ曲線
（繊維形態の影響）

(3) 引張物性への界面接着処理の効果

　CNF とゴム材料との界面接着性を向上させる手法として，相容化剤やカップリング剤の添加，CNF の表面処理等の方法があるが，ここでは CNF のユニークな表面処理法について紹介する。矢野らは，CNF による NR の補強の際に，CNF 表面に図 6 に示す構造の飽和脂肪酸や不飽和脂肪酸をエステル化によって導入し，CNF の表面処理が分散性や補強効果に及ぼす影響について検討している[2,3]。表面をステアロイル化，オレオイル化処理した CNF を NR に 3 wt% 添加した

第1章　複合材料

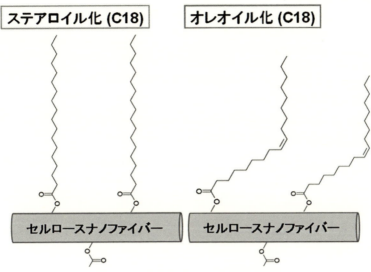

図6　CNF表面に導入した側鎖の構造

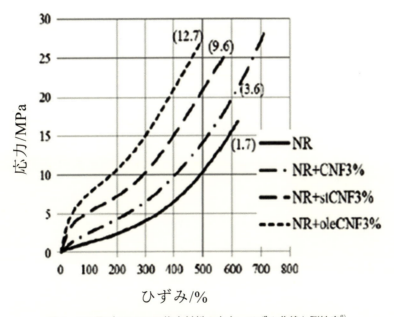

図7　NR及びNR/CNF複合材料の応力−ひずみ曲線と弾性率[8]
（　）内の数字は弾性率［MPa］
NR：天然ゴム
CNF：未処理CNF補強
stCNF：ステアロイル化処理CNF補強
oleCNF：オレオイル化処理CNF補強

結果，図7[8]に示すとおり材料の破断伸びをある程度保持しながら，ゴムの弾性率を1.7 MPaから12.7 MPaまで8倍近く増大することができたと報告している。なお，補強効果はステアロイル化処理に比べてオレオイル化処理の方が大きい。これは，オレオイル化処理では表面が疎水化されることに加え，修飾した部分に二重結合があることから，ゴム中の硫黄との反応によって架橋を形成したものと推察している。

以上のように，CNFはゴムへの少量添加によって優れた補強効果を発現することから，各種ゴム用補強剤としての応用が期待できる。特に，CNFは従来のカーボンブラックやシリカといった補強剤に比べて比重が小さく，しかも少量添加で補強効果を発現することから，ゴム材料の軽量化への寄与が大きい。筆者らはこの点に着目し，ゴム材料の更なる軽量化を図るべく，スポンジゴム材料への応用について検討した。

5.4 CNF強化スポンジゴム材料
5.4.1 CNF強化スポンジゴム材料の作製及び評価方法

CNF強化スポンジゴム材料については，5.3.2項に記載した方法でCNF添加量1～10 phrのCNF配合マスターバッチを作製した後，DCP 1 phr，ADCA 10 phr，ステアリン酸1 phrをオープンロールを用いて混練した。得られたコンパウンドを所定条件で熱プレス成形することによりスポンジゴム材料を作製した。

スポンジゴム材料の寸法安定性については，NR/CNF複合材料を上記化学発泡剤により発泡させ，室温で1週間放置した際の寸法保持率を評価した。成形に使用した金型の寸法 (X_0)，脱型直後のスポンジゴムの寸法 (X_1)，1週間放置後のスポンジゴムの寸法 (X_2) の値から(1)式により寸法保持率 (Y) を算出し，この寸法保持率へのCNF含有量の影響について調査した。

$$Y(\%) = (X_2 - X_0) / (X_1 - X_0) \times 100 \tag{1}$$

また，スポンジゴム材料の発泡状態やゴム中のCNFの分散性を評価するために，マイクロX線CTスキャナーを用いてスポンジゴム材料の内部構造の観察を行った。さらに，CNFのスポンジゴム中での分散状態について詳細に検討するために，透過型電子顕微鏡 (TEM) による超薄切片試料の観察を行った。なお，TEM観察試料にはオスミウム酸染色を施し，加速電圧100 kVで観察した。

5.4.2 CNF強化スポンジゴム材料の寸法安定性

CNF添加量を1，3，10 phrと変量させ，CNF強化NRスポンジゴム材料の寸法保持率へのCNF添加の影響について検討した。NRスポンジゴム自体は非常に収縮しやすいため，NR単体や比較対象として用いたシリカ10 phr添加物を発泡させたスポンジゴムでは脱型直後に比べて1週間後の寸法がそれぞれ約10%，約30%まで著しく低下した。これに対し，CNF添加物では寸法保持率が大きく向上し，CNF添加量が多くなるとともに寸法保持率が向上することが明らかになった。特に，CNF添加量10 phrのものでは1週間後の寸法が約75%を保持していた（図

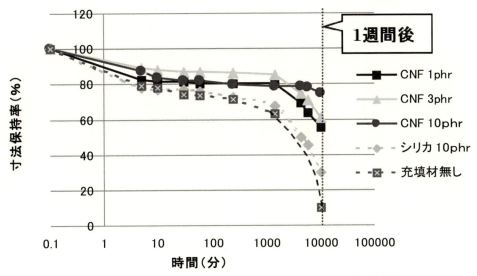

図8　NR/CNFスポンジゴム材料の寸法保持率のCNF含有量依存性

8)。これは，CNFがナノサイズの繊維であることから，スポンジゴムのセル壁のゴム中に入り込み，セル壁が効率的に補強されることによってスポンジゴムの収縮が抑制されたことによるものと考えられる。CNF強化NRスポンジゴム材料は，ゴムがCNFによって補強されるとともに，寸法安定性にも優れていることから，従来のスポンジゴムに比べて高倍率での発泡が可能となる。そのため，スポンジゴム材料の軽量化への活用が期待できる。

5.4.3　CNF強化スポンジゴム材料の内部構造

　CNFの形状や分散性が異なる二つの試料（試料①，②）の内部構造をマイクロX線CTスキャナーにより観察し，それらがゴム材料の発泡挙動に及ぼす影響について検討した。なお，試料①はNRにCNFを10phr添加して作製したCNFの分散性が良好なスポンジゴム材料である。一方，試料②は解繊処理が不十分なために未解繊の凝集塊を含んだCNFをNRに3phr添加して作製したCNFの分散性が悪いものである。図9に示した観察イメージから明らかなように，CNFの分散性が良好な試料①ではセルの形状が整い，試料中にCNFの凝集塊はみられなかった。この場合，CNFはセル壁のゴム中に均一に分散しており，セル壁を効率的に補強しているものと考えられる。一方，CNFの解繊処理が不十分なために形状が大きく，分散性の悪い試料②では，CNFの凝集塊が数多く観察され，その凝集塊はセル壁ではなくセルの内部（空気相）に存在しており，セル壁の補強には寄与していないことが明らかになった。また，このような凝集塊はセルの形成に影響を及ぼし，凝集塊の大きさによってセル径が大きく異なったことから，より均質なスポンジゴム材料を作製するためにはゴム中にCNFを均一分散させることが重要であることがわかった。

　上記観察に使用したマイクロX線CTスキャナーの分解能（空間分解能：1〜60μm）では，

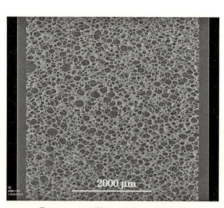

①CNFの分散性が良好な試料　　②CNFの分散性が悪い試料

図9　NR/CNF スポンジゴム材料のマイクロ X 線 CT スキャナーによる観察イメージ

スポンジゴム中に凝集せずに均一分散した CNF は観察することができない。そこで，NR/CNF スポンジゴム材料を樹脂中に包埋した後にクライオミクロトームにて約 70 nm の試料厚に切削し，セル壁の一部の TEM 観察を行った。試料厚が約 70 nm と薄いため，セル壁中に存在している CNF の全体像を観察することはできないが，CNF の断面の一部が観察され，繊維径数十 nm オーダーの CNF がセル壁中に分散していることが明らかになった（図10）。また，一部セルの外側（壁面）に CNF が付着している箇所も認められた。このように，TEM 観察の結果からも CNF がスポンジゴム材料のセル壁を効率的に補強していることが示唆された。

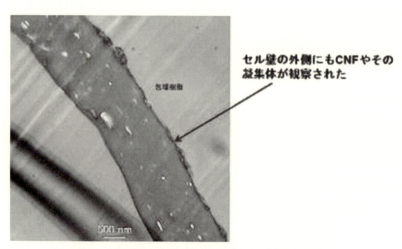

図10　NR/CNF スポンジゴム材料のセル壁の TEM 像

5.5　CNF強化ゴムブレンド材料[16]

　CNF強化ゴム材料のスポーツシューズ用靴底材への応用を図るべく，マトリックス材をNRとエチレン－酢酸ビニルコポリマー（EVA）とのゴムブレンド材としたモデル配合試料へのCNFの複合化について検討した。CNF強化NR/EVAブレンド材料の作製やTEM観察は，前述の方法と同様に行ったが，ブレンド材の相分離構造とCNFの形態観察を行うために，TEM観察試料にはルテニウム酸染色を施した。

　図11に示したTEM像から明らかなように，EVA相が染色されたNR/EVAの海島構造が観察された。この場合，NR相が海相，EVA相が島相を形成していることがわかった。また，ルテニウム酸染色することによってCNFの分散状態が確認でき，CNFはマスターバッチ作製時に混ぜ込んだNR相中に分散していることが明らかになった。以上のように，CNF強化ゴムブレンド材料のマトリックス材の相分離構造やCNFの分散状態をTEM観察できたことから，これらの構造制御を材料設計に活用することで，軽くて丈夫な靴底材の開発に取り組んでいる。

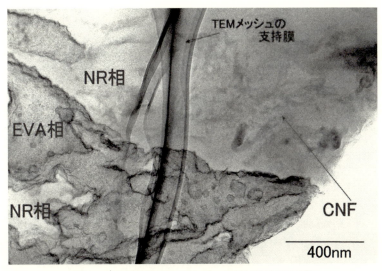

図11　CNF強化NR/EVAブレンド材料のTEM像

5.6　おわりに

　ゴム工業分野では，カーボンブラックによるゴムの補強が発明されて以来100年以上もの間，カーボンブラックが主要補強剤として使用され続けている。また，自動車タイヤ分野では，低燃費特性と安全性を実現することを目的としたシリカによるゴムの補強が盛んに行われるようになってきている。

　これらの補強剤に対して，近年脚光を浴びているCNFは，比重が小さく，ゴムへの少量添加で大きな補強効果が得られるといったメリットがある。そのため，CNFを補強剤として用いることによりゴム製品の軽量化を図ることができる。また，CNFのもつ様々な特徴を活用するこ

とによってゴム材料に機能性を付与することも可能なことから，各種ゴム製品への応用が期待できる。複合材料の分野におけるCNFの実用化事例がようやく出始めたが，今後ゴム工業分野でのCNFの応用が広がり，CNFの実用化促進につながることを願っている。

謝辞

本節で紹介した研究の一部は，「兵庫県COEプログラム推進事業」（兵庫県）及び「戦略的基盤技術高度化支援事業」（経済産業省）の助成を受けて実施しました。関係各位に深く感謝いたします。

文　　献

1) 磯部行夫，市川直哉，中谷丈史，矢野浩之，第22回エラストマー討論会講演要旨集，pp. 109-110（2010）
2) 加藤隼人，中坪文明，矢野浩之，第23回エラストマー討論会講演要旨集，pp. 43-44（2011）
3) H. Kato, F. Nakatsubo, K. Abe, H. Yano, *RSC Advances*, **38**, 29814-29819（2015）
4) A. Nagatani, S. H. Lee, T. Endo, T. Tanaka, *International Journal of Modern Physics*: Conference Series, **6**, 227-232（2012）
5) M. Mariano, N. E. Kissi, A. Dufresne, *Carbohydrate Polymers*, **137**, 174-183（2016）
6) 長谷朝博，柏原史陽，金子翔之介，田中達也，プラスチック成形加工学会年次大会予稿集，**27**, 337-338（2016）
7) 長谷朝博，日本ゴム協会誌，**90**, 30-35（2017）
8) 矢野浩之，日本ゴム協会誌，**85**, 376-381（2012）
9) 磯貝明，日本ゴム協会誌，**85**, 388-393（2012）
10) 近藤哲男，日本ゴム協会誌，**85**, 400-405（2012）
11) 岩本伸一朗，山本茂弘，遠藤貴士，日本木材学会大会研究発表要旨集，**64**, 51（2014）
12) 野口徹，MATERIAL STAGE，**15**(5), 21-27（2015）
13) 延原博，山本泰弘，西勝志，浦部匡史，特許第5656086号（2014）
14) 浦部匡史，幕田悟史，藤原和子，日本ゴム協会2018年年次大会講演予稿集，p. 29（2018）
15) 中山芳和，Nanocellulose Symposium 2018「CNF材料を俯瞰する―原料検討から自動車まで―」テキスト，pp. 123-129（2018）
16) 長谷朝博，平瀬龍二，山下満，熊谷明夫，岩本伸一朗，遠藤貴士，プラスチック成形加工学会秋季大会予稿集，**25**, 205-206（2017）

第2章 その他の利用と応用展開

1 セルロースナノファイバーの用途展開の動向―環境省 NCV（Nano Cellulose Vehicle）プロジェクトについて―

臼杵有光[*1]，小尾直紀[*2]

1.1 はじめに

セルロースナノファイバー（以下「CNF」という。）は，木材などの植物を原料とし，軽量でありながら高い強度や弾性を持つ素材として，様々な基盤素材へ活用するために精力的な開発が進められている。家電用素材，住宅建材用素材，自動車部品用素材などが期待されている。将来自動車用素材として利用され，CNF の適用範囲が拡大していく段階には成形加工性や衝突安全などの様々な課題が発生することが想定される。そのため，そうした課題を洗い出し，社会実装に向けた課題解決のため，京都大学が事業代表者になり，将来的な地球温暖化対策につながり，エネルギー起源 CO_2 削減が期待できる自動車軽量化に重点を置き，環境省が実施する「セルロースナノファイバー性能評価事業委託業務」の中において 2016 年度より「社会実装に向けた CNF 材料の導入実証・評価・検証～自動車分野～」の業務を実施している。この業務は産学連携のコンソーシアム形式を採っており，NCV（Nano Cellulose Vehicle）プロジェクトと名付けた。ここでは CNF 軽量材料の提供を受け，CNF 軽量部品・部材としての強度，信頼性などの性能評価を実施するとともに，将来ニーズを加味した CNF 自動車の車両構想を明確にし，CNF 活用製品の性能評価や活用時の CO_2 削減効果の評価・検証を実施している。ここではその具体的な内容について紹介する。

1.2 NCV プロジェクトの構成（2017 年度，2018 年度成果を中心にして）

1.2.1 全体構成

環境省からの委託を受けて，参画機関がコンソーシアム形式で参加している。その全体構成を図1に示す。京都大学（代表事業者）をはじめとした大学，研究機関，企業など，計 22 機関で構成されるサプライチェーンの一気通貫体制で構成されている。

参画機関：京都大学，（一社）産業環境管理協会，（地独）京都市産業技術研究所，金沢工業大学，名古屋工業大学，秋田県立大学，宇部興産㈱，㈱昭和丸筒，昭和プロダクツ㈱，利昌工業㈱，㈱イノアックコーポレーション，キョーラク㈱，三和化工㈱，ダイキョーニシカワ㈱，マクセル㈱，㈱デンソー，トヨタ紡織㈱，㈱トヨタカスタマイジング＆ディベロップメント，アイシン精機㈱，

[*1] Arimitsu Usuki　京都大学　生存圏研究所　特任教授
[*2] Naoki Obi　京都大学　生存圏研究所　ナノセルロース産学官連携マネージャー

セルロースナノファイバー製造・利用の最新動向

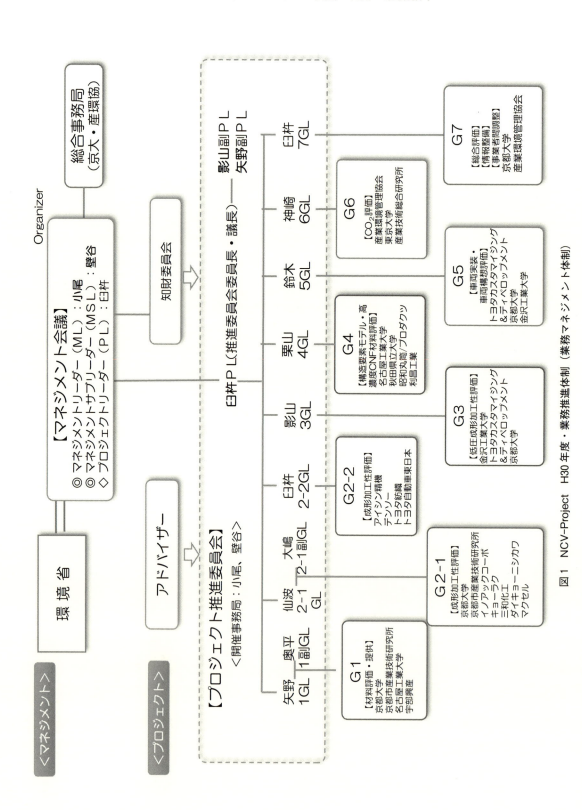

図1 NCV-Project H30年度・業務推進体制（業務マネジメント体制）

第2章 その他の利用と応用展開

トヨタ自動車東日本㈱，東京大学，(国研)産業技術総合研究所

1.2.2 各グループの役割分担

(1) 材料評価，提供グループ

　京都大学と京都市産業技術研究所などがNEDO事業で開発した「京都プロセス」技術をベースとして，ナイロン6（PA6），ポリプロピレン（PP），ポリエチレン（PE）などにCNFを分散した樹脂複合材料のサンプルワークが開始されている。また，樹脂複合材料以外にも多種多様なCNFベース素材のサンプルワークが行われており，京都大学ではそれらの樹脂複合材料やCNFベース素材を入手し，機械的特性，長期耐久性，塗装性などの評価を実施し，用途に応じた各参画機関への材料の供給や，参画機関からのフィードバックを受けて，更なる素材の改良指針の作成などを行っている。

(2) 成形加工グループ

　京都大学と京都市産業技術研究所ではCNF樹脂複合材料を用いた発泡成形性を検討している。自動車の軽量化において射出発泡成形は重要なアイテムであるため，このグループで評価を実施している。イノアックはPP-CNF材料を用いて発泡成形を実施し，内装部品などへの適用性を検討している。ダイキョーニシカワはPA6-CNFを用いて発泡成形を行い，内外装含めて射出部品への適用性を検討している。今までに実車のトランクリッドの垂直部分を試作することができている（図2）。三和化工はPP-CNFの超臨界発泡を行い，30倍程度の発泡化に成功している。キョーラクはPP-CNFのブロー成形を実施し，軽量な板材などを作っている。CNF添加した複合材料は溶融時の粘性が増大するため，ブロー成形には適していることが分かった。マクセルは樹脂メッキ技術を保有し，CNFを添加することによりメッキの接着性が優れることを見出した。

(3) 部材成形グループ

　アイシン精機はPA6-CNF複合材料を射出成形することにより，軽量なインテークマニホールドの一部を試作した（図3）。現行品はガラス繊維を30％混合し使用しているが，CNFを15％程度使用した材料で検討を行った。現行品と同等の形状は出せたが，強度・耐衝撃性にまだ課題があるため，改良に向け検討中である。デンソーはPE-CNF複合材料を射出成形することにより，軽量なエアコンケースを試作した。実成形が可能であることは確認できたが，物性を満足するためには更なる工夫が必要である。トヨタ紡織はPP-CNF複合材料を射出成形することにより，軽量なドアトリムを試作した（図4）。剛性は満足できるが，耐衝撃性などに課題があり，

図2　トランクリッド　ロアー
（ナイロン6(PA6)-CNF 5％）

セルロースナノファイバー製造・利用の最新動向

図3　インテークマニホールド（吸気部品）
（ナイロン6(PA6)-CNF 15%）

図4　ドアトリム
（ポリプロピレン(PP)-CNF 10%）

改良を行っている。さらに内装材ではVOC（Volatile Organic Compounds；揮発性有機物質）が課題としてありそうなことも分かってきた。トヨタ自動車東日本はCNFの透明性を活かして，樹脂ガラスへの適用を検討している。このように射出成形をはじめとした成形性はいずれも確認できたが，新しい課題が見つかってきたため今後も引き続き，製品化に向け課題の洗い出しと検出された課題を解決するための検討を継続中である。

(4) 大物成形加工グループ

金沢工業大学，トヨタカスタマイジング&ディベロップメントと京都大学ではエンジンフード（ボンネット）をRTM（Resin Transfer Molding）手法で成形する方法を検討した。CNFの基材にエポキシ樹脂を流し込んで固めることにより，大物の成形体ができることを実物で確認した（図5）。本技術はまだ成形時間などに課題はあるものの，将来の自動車大物部材を製造する上において必須の技術となりうると考えている。

(5) 接着・接合グループ

名古屋工業大学ではCNF複合材料に適した構造要素（シート，パイプ，ハニカムなど）の開発とそれらを接着，接合するための接着手法の最適化を実施している。たとえば昭和丸筒と昭和プロダクツはCNFのシートを使用して紙筒の強度を向上させる手法を見出した（図6）。これは

第2章　その他の利用と応用展開

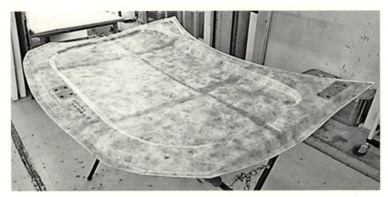

図5　エンジンフード（ボンネット）
（CNF＋エポキシ樹脂）

図6　紙管＋CNFシート

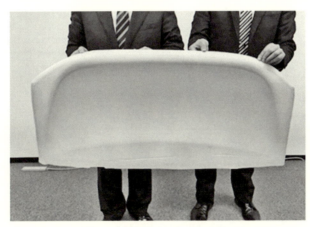

図7　トランクリッド　アッパー
（100％　CNF成形）

自動車のビームなどの補強に使用できると期待できる。その基本の構造設計や評価は秋田県立大学と共同で実施している。利昌工業はCNFのみからなるCNF板材の作製ができ，それとハニカムを接着したCNFハニカムシートを試作した。今までに実車のトランクリッドの水平部分の試作を行った（図7）。軽量かつ高強度な板材として自動車の内外装に適用できると考えている。

(6) 車両構想グループ

4年間のプロジェクト実施期間の2年目に，トヨタカスタマイジング＆ディベロップメントと金沢工業大学では，実際の市販自動車の金属部品（ボンネットとトランクリッド）を樹脂－CNF複合材料などで置換する検討を行った。ボンネットとトランクリッドの個別の部品では従来の金属製などに比べて10～50％程度の軽量化は確認できるが，自動車全体としてどこまで軽量化が達成できるかは今後の進捗に期待しているところである。さらにトヨタカスタマイジング＆ディベロップメント，京都大学，金沢工業大学で協力し，現時点でCNFをできるだけ使用したNCVプロジェクトとしての最終試作車を設計している。たとえばドア，ボンネット，トランク，フェンダー，インストルメントパネルなどがその候補部品である。

(7) CO_2評価グループ

産業環境管理協会，東京大学，産業技術総合研究所において，自動車の軽量化によるCO_2の低減効果の検証を実施している。第一に，既存部品の物性値やCO_2排出原単位などCO_2削減効果の評価に関する文献を収集し，選定した自動車の一部部品について製造段階，走行段階，廃棄リサイクル段階のCO_2排出量の削減効果を評価した。第二に，CNF製造プロセスの量産時のCO_2排出量の試算方法の検討，必要となるデータ収集項目の抽出を行い，CNF部品の実機搭載におけるCO_2削減効果の評価方法とCNF軽量部品の導入によるCO_2削減効果のシミュレーション技術の検討を行った。第三に，CO_2削減効果の観点からCNF自動車の普及シナリオの策定方法，普及シナリオに基づくCO_2排出量削減効果および社会全体に対する波及効果の評価の枠組みを検討した。

(8) プロジェクト推進に関する情報管理グループ

プロジェクトでは2か月に一度の全体会議を実施し，参画機関全員で情報の共有と議論を実施している。最初は材料側（シーズ側）と自動車部品側（ニーズ側）では意見が合わず話がまとまらないことがあったが，ニーズ側の要求していることがシーズ側に理解されるようになりつつあり，その連携がうまくできるように変わってきた。今後は各種の評価検討結果を踏まえ，CNFの製品の品質向上と社会実装に向けたステップを明確化し，市場投入計画に織り込んでいきたいと考えている。

1.3 CNFに期待すること

CNFを扱ってきて，特徴をまとめると以下のようになると思う。

・軽量，かつ高強度な有機繊維である。
・ナノサイズで分散したフィラーであり，リサイクル時に繊維自体の破断の影響が極小である。
・原料はパルプなど自然由来であるためカーボンニュートラルな素材である。
・資源は日本に豊富にあるため，海外に対する優位性があり，低コスト化ができる。
・木材だけではなく，稲わら，キャッサバ，サツマイモなどCNFの原料が豊富にある。
・セルロースの分子構造（表面に水酸基）が明確であり，樹脂に合わせて極性の制御ができる。

- 天然にはリグニンなどの不純物が混在しているが，それを利用できる可能性がある。
- 線膨張係数が小さく，寸法安定性に寄与できる。
- ガラス相当の比較的高い熱伝導がある。

このような特徴をうまく利用して複合化することにより，自然由来の軽量化素材が新しい産業として生まれてくることに期待している。

1.4 今後の展望

CNFを将来の自動車用材料に使用するためには，枠を超えた幅広いサプライチェーンの構築が必要となってくると考えられる。NCVプロジェクトでは材料，成形加工，部材試作，自動車への搭載検討といった一連の流れの中で実施してきたが，今後は多種多様な素材メーカーも含めた連携が必要である。将来は低コスト，低エネルギー生産，環境負荷ゼロの素材として様々な産業分野に貢献できる素材だと考えている。

謝辞

本稿で紹介した内容の一部は，環境省セルロースナノファイバー性能評価事業委託業務により実施したものであり，共同研究者各位に感謝申し上げます。

2 セルロースナノファイバーを利用した木質材料の開発

鈴木滋彦[*1]，小島陽一[*2]

2.1 はじめに

近年，温室効果ガスの排出による地球温暖化や大規模な資源採取により自然破壊等が問題となっている。そのため，化石資源を中心とした大量生産，大量消費，大量廃棄型の生活様式から，天然資源の消費が抑制され，環境への負荷が低減された循環型社会へ転換していく必要がある。

このような背景の中で再生可能なバイオマス資源であり，省エネ，無公害，廃棄時の環境負荷が小さい木質資源を材料として利用できる木質材料は循環型社会に貢献するために重要である。木質材料とは，その名の通り木材を使った材料の総称であり，我々の身の回りにはたくさんの木質材料で溢れている。ここでは，木質材料の中でも特に，木質ボード類と混練型木材プラスチック複合材料（混練型WPC）におけるセルロースナノファイバー（CNF）の利用技術開発についての取り組みを説明してみたい。

2.2 木質ボード類におけるCNFの利用技術開発

2.2.1 木質ボードとは

建築材料として使用される木質材料は，建築物の床や壁として主に利用される面材料と，建築物の柱や梁に利用される軸材料に大別され，前者は材料を構成する要素（エレメント）のサイズ等によって，中密度繊維板（medium density fiberboard：MDF），パーティクルボード（PB），配向性ストランドボード（oriented strand board：OSB）といった名称で区分され，総称として一般的に木質ボードと呼ばれている。また木質ボードは合板と合わせて木質パネルと称されることが多い（図1）。木質ボードは小径材や工場廃材，建築解体材等を原料に利用することができるため，資源の有効利用と循環に貢献する。さらに木材特有の節や腐れ等の欠点が分散あるいは除去されるため，バラつきの少ない均一な材質となる。木質ボードの製造工程は一般的に，原料となるエレメントの調達，エレメントの乾燥，接着剤の塗布，マット成形，熱圧縮となる。ここで使用される接着剤は，古くは米糊，にかわ，カゼイン，大豆グルー等の天然系のものがあるが，現在では合成樹脂接着剤が主流となっている。その要因として，木質ボード類が構造用として広く使用されるようになっており，高強度かつ高耐久性を付与するためには天然物由来の接着剤ではなく，合成樹脂接着剤が多く使用されるようになったためと思われる。現在，木質ボードに広く使用されている接着剤はホルムアルデヒド系やイソシアネート系であるが，これらはシックハウス症候群の原因とされるホルムアルデヒド等を使用していること，また，化石資源由来であることが問題として挙げられる。そのため，接着剤の代替材料の模索が喫緊の課題となっている。先にも述べたように天然系接着剤の研究もこれまでに多く行われている[1]が，なかなか実用化ま

---

*1 Shigehiko Suzuki 静岡大学 農学部 生物資源科学科 教授
*2 Yoichi Kojima 静岡大学 農学部 生物資源科学科 准教授

第2章　その他の利用と応用展開

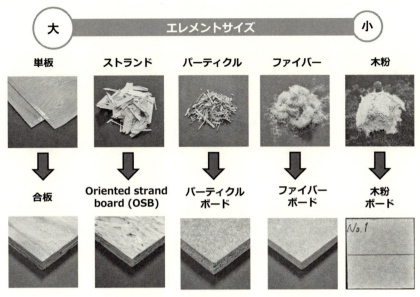

図1　木質パネルの種類と構成エレメント

でには至っていない。そこで筆者らは，接着剤の代替品として，林地残材等の木質バイオマスや農産物非食用部の植物繊維から精製でき，化石資源由来の既存製品の代替品になり得る材料として注目を集める CNF に着目して研究を進めてきた。CNF の利用に関する研究の大部分がプラスチック等との複合化に関するものであり，木質ボードの補強材としての利用に関する研究事例はほとんどなく，本研究はオール天然物由来の木質ボード製造に向けた取り組みであり，木質ボード業界の活性化さらには我が国の林業活性化等に貢献できるものと思われる。

2.2.2　木粉ボードへの CNF 添加による補強効果の実証

まず筆者らが取り組んだ研究は木粉ボードへの CNF 添加による補強効果の実証である。木粉ボードはそもそも市販されている材料ではないが，CNF 自体が微細な繊維であるために，補強できるエレメントはサイズとして大きすぎないほうがよいと考え，小さなエレメントである木粉を選択した。CNF には様々な種類があるが，ここでは，①市販セルロースパウダーを原料にボールミル湿式粉砕で作製した CNF[2]，②木粉を原料にボールミル湿式粉砕で作製した LCNF（リグノセルロースナノファイバー）[3]，の2つの研究結果について紹介する。

(1)　市販セルロースパウダーからボールミル湿式粉砕で作製した CNF の利用

① 実験方法の概略

サイズが約 100 μm 程度の木粉，セルロースとして市販セルロースパウダーを準備した。セルロースパウダー 13.5 g と蒸留水 200 g をボールミルポットに投入し湿式粉砕を行った。粉砕の条件は，回転数を 150，200，250 rpm の3条件，粉砕時間を 1，2，4，8，16 時間の5条件，の計 15 条件とした。未粉砕セルロースパウダーをコントロールとした。その後，粒度分布および

メジアン径をレーザー回折・散乱式粒子径分布測定装置により測定した。またアルコール置換の後，凍結乾燥を行い，電子顕微鏡（SEM）により観察を行った。木粉ボード条件は固形分比で木粉：CNF＝95：5，90：10，80：20 の 3 水準として手混ぜにて木粉と CNF を混合した。目標密度 1.0 g/cm^3，寸法 15 cm×15 cm×0.3 cm のボードを製造した。熱圧条件は，卓上ホットプレスにて熱板温度 120℃，熱圧時間 15 分，ボード面圧力 2.4 MPa とした。ボード製造後，曲げ試験，吸水試験を実施し，CNF による補強効果を検証した。

② 実験結果の概略

ボールミル粉砕によって得られた CNF のメジアン径を表 1 に示す。同じ回転数で比較すると粉砕時間が長くなるにつれてサイズは小さくなっていることが分かる。同様に，同じ粉砕時間で比較すると，高い回転数ほど小サイズの CNF が得られた。250 rpm/16 時間処理では未粉砕セルロースパウダーに比べてサイズが 1/5 にまで小さくなった。また 150 rpm/1 時間や 150 rpm/2 時間の粉砕ではコントロールとほとんどサイズが変わっていないことから，粉砕にはある程度の回転数と粉砕時間が必要であることが分かる。

アルコール置換後，凍結乾燥したセルロースパウダーの SEM 写真を図 2 に示す。未粉砕の場合，表面が滑らかな繊維状をしているが，粉砕後は無数のナノサイズの毛羽立ち（フィブリル）が繊維表面に形成されているのがわかる（図中の矢印）。このことからボールミルにて湿式粉砕することで表面にナノサイズのフィブリルを有した，いわゆるナノ構造ファイバー（CNF）が

表1　ボールミル粉砕によって作製した CNF のメジアン径

回転数 (rpm)	粉砕時間（時間）				
	1	2	4	8	16
150	48.4 μm	43.5 μm	35.8 μm	35.3 μm	27.8 μm
200	39.8 μm	30.1 μm	21.3 μm	13.0 μm	9.5 μm
250	30.2 μm	22.9 μm	14.4 μm	11.8 μm	8.6 μm

コントロール（未粉砕）：41.4 μm

図2　セルロースパウダーの SEM 写真
(a)未粉砕，(b)250 rpm/1 時間粉砕

作製できることが示唆された。

　CNFを添加して製造した木粉ボードの曲げ試験から得られた曲げ強さ（modulus of rupture：MOR）の値を図3に示す。ここでは，木粉：CNFの混合割合が80：20の結果を示す。この図で粉砕時間0時間のボードは未粉砕セルロースパウダーを木粉と混合してボード化した結果である。木粉のみのMORに比べ，CNF添加ボードのMORは向上した。このことからCNFには木粉ボードを補強する効果があると言える。またボールミル粉砕時の回転数が高く，粉砕時間が長いCNFを添加するほど，MORは高い値を示した。木粉と未粉砕セルロースパウダーを混合したボードのMORは木粉のみで製造したボードとほぼ同じ値を示した。これは図2の写真からも分かるようにセルロースパウダーには微細なフィブリル構造が殆ど見られず木粉間の結合が弱かったためと思われる。また木粉：CNF＝90：10の場合に最も高いMORを示したことからCNFの添加率には最適値が存在することが示唆された。

③　まとめ

　本研究では，木質ボードの中でもエレメントサイズの小さい木粉ボードへのCNFによる補強効果を実証した。市販セルロースパウダーをボールミル湿式粉砕により回転数，粉砕時間を様々変化させて形状の異なるCNFを作製した。作製したCNFは原料であるセルロースパウダーの表面にナノサイズの微細なフィブリル構造を有する形状となっており，それらを木粉に混ぜてボード化することで木粉間の結合をより強固にし，結果としてボードの強度性能が向上した。

(2)　木粉からボールミル湿式粉砕で作製したLCNFの利用

①　実験方法の概略

　用意した木粉はサイズが約220μm程度の廃棄木粉である。またLCNFの原料も同じ廃棄木粉を用いた。木粉13.5gと蒸留水200gをボールミルポットに投入し湿式粉砕を行い，LCNFを

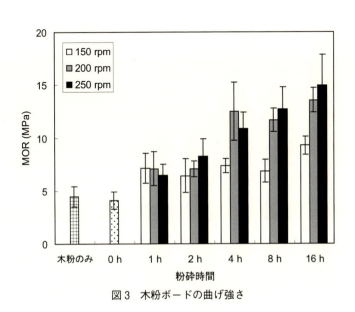

図3　木粉ボードの曲げ強さ

作製した。粉砕の条件は，回転数を100，150，200 rpmの3条件，粉砕時間を1，2，4，8，16，32時間の6条件，の計18条件とした。未粉砕木粉をコントロールとした。先の実験同様に，粒度分布およびメジアン径を測定し，凍結乾燥後にSEMにて形状観察を行った。木粉ボードの条件は固形分比で木粉：LCNF＝95：5，90：10，80：20の3水準とし手混ぜにて混合した。この段階でマット含水率は300％を超えるため，正常なボード製造を行うために乾燥機能付き混練機を用いて含水率が30％以下になるまで調整した。目標密度1.0 g/cm^3，寸法15 cm×15 cm×0.3 cmのボードを製造した。熱圧条件は，卓上ホットプレスにて熱板温度120℃，熱圧時間15分，ボード面圧力0.85 MPaとした。ボード製造後，曲げ試験，吸水試験を実施し，LCNFによる補強効果を検証した。

② 実験結果の概略

ボールミル粉砕によって得られたLCNFの粒度分布を図4に示す。ここではボールミルの回転数が200 rpm，粉砕時間1，8，32時間および未粉砕木粉の結果を示す。粉砕時間が長くなるとピーク位置が左側（小さなサイズ）へシフトした。またサイズのバラつきが未粉砕木粉では比較的大きいが，粉砕が進むにつれてバラつきが小さくなった。32時間粉砕処理をした場合には，10 μm付近のピークに加え，0.1～1.0 μmの間に2つ目のピークが現れた。これは木粉表面に形成されたナノサイズの毛羽立ちが過粉砕により剥がれ落ちたためと思われる。

アルコール置換後，凍結乾燥した木粉のSEM写真を図5に示す。未粉砕の場合には滑らかな表面構造を有しているが，粉砕することにより無数のナノサイズの毛羽立ち構造が形成されている。このことからCNF同様，木粉からLCNFをボールミル処理により容易に作製できることが示唆された。

LCNFを添加して製造した木粉ボードの曲げ試験の結果を図6に示す。木粉のみで作製したボードのMORに比べ，LCNF添加ボードのMORは向上した。このことからCNF同様にLCNFには木粉ボードを補強する効果があると言える。また若干のバラつきがあるが，傾向としては粉砕時間が長く，回転数が高い処理を施したLCNFを添加することでMORは高い値を

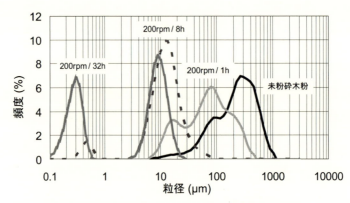

図4　ボールミル粉砕によるLCNFの粒度分布の比較

第2章 その他の利用と応用展開

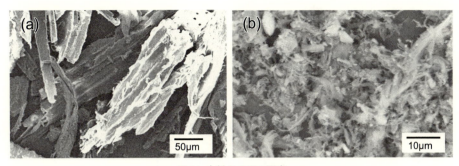

図5 木粉のSEM写真
(a)未粉砕，(b) 200 rpm/4時間粉砕

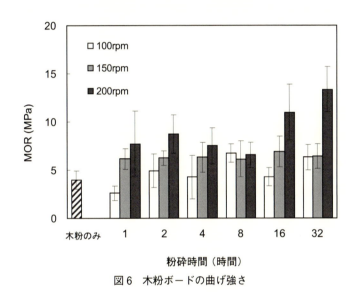

図6 木粉ボードの曲げ強さ

示した。また先のCNF同様，木粉：LCNF＝90：10の場合に最も高いMORを示したことからLCNFの添加率には最適値が存在することが示唆された。

③ まとめ

本研究では，木粉ボードへのLCNFによる補強効果を実証した。廃棄木粉を原料として作製したLCNFには，CNFと異なり，木材構成成分であるセルロースだけではなく，リグニンやヘミセルロース等が存在しているが，木粉ボードはCNF同様にLCNFでも補強されることが示された。

2.2.3 ファイバーボードへのCNF添加による補強効果の実証

次に筆者らが取り組んだ研究はファイバーボードへのCNF添加による補強効果の実証である。木粉をエレメントとした木粉ボードでの補強効果は確認できたことから，木粉よりもサイズの大きな木材繊維を用いたボードに対するCNF補強効果を検討した。木材繊維は実際にMDF

等に用いられており，CNFの接着剤代替効果が明らかになれば，より環境に優しい材料製造に繋がると期待できる。また実際に市販されている木質ボード類の密度は1.0 g/cm^{3}よりも低い場合がほとんどであるため，ボード密度による補強効果の違いも明らかにした。ここでは，針葉樹および広葉樹繊維を原料にボールミル湿式粉砕で作製したLCNF[4]の研究結果について紹介する。

① 実験方法の概略

用意したエレメントはMDFの原料となる針葉樹繊維（平均繊維長：2.27 mm）と広葉樹繊維（平均繊維長：0.87 mm）の2種類の木材繊維である。またLCNFの原料も同じ木材繊維を用いた。木材繊維13.5 gと蒸留水200 gをボールミルポットに投入し湿式粉砕を行い，LCNFを作製した。粉砕条件は，回転数200 rpm，粉砕時間4時間に固定した。先の実験同様に，粒度分布およびメジアン径を測定し，凍結乾燥後にSEMにて形状観察を行った。ファイバーボードの条件は固形分比で木材繊維：LCNF＝80：20とし手混ぜにて混合した。この段階で含水率としては300％を超えるため，正常なボード製造を行うために乾燥機能付き混練機を用いて含水率が30％以下になるまで調整した。ここではボード密度による補強効果の違いを検討するために目標密度を0.60, 0.75, 1.0 g/cm^{3}の3水準設定し，ボード厚さを変化させることで密度を変化させた。熱圧条件は，卓上ホットプレスにて熱板温度120℃，熱圧時間10分，ボード面圧力0.85 MPaとした。ボード製造後，曲げ試験，はく離試験，吸水試験を実施し，LCNFによる補強効果を検証した。

② 実験結果の概略

針葉樹繊維および広葉樹繊維の平均繊維長はそれぞれ2.27 mm, 0.87 mmであったが，200 rpm/4時間粉砕することで，それぞれ，26.3 μm, 22.9 μmとなり，ほぼ同じサイズとなった。粉砕前後の木材繊維の表面観察結果を図7に示すが，粉砕後はもとの繊維形状が判別できない程度まで粉砕が進んでおり，ナノサイズの細長い繊維状となっていることから粉砕する原料が木材繊維であってもLCNF化が可能であることが示唆された。

木材繊維由来LCNFを添加して作製したファイバーボードの曲げ試験の結果を図8に示す。ここでは針葉樹繊維を用いたファイバーボードのMORの結果を示す。密度のバラつきを排除するためにここでは，曲げ強さの値を密度で徐した比曲げ強さで示す。いずれの密度においてもLCNF未添加のボードに比べて高い値を示した。広葉樹繊維を用いたボードでは密度が低い場合にはLCNF未添加の場合とほぼ変わらない値であったが，密度1.0 g/cm^{3}の場合にはLCNFによる補強が確認された。針葉樹繊維と広葉樹繊維は粉砕前の繊維長が異なっており，その影響がこの結果に繋がったと思われる。

③ まとめ

本研究ではファイバーボードにおけるLCNFによる補強効果を実証した。木粉よりもサイズの大きな木材繊維をエレメントとして使用しても，木粉の場合同様にLCNFは補強効果を示した。ファイバーボードはすでに市販されている木質ボードであることから，実用化に繋がる成果であると考える。

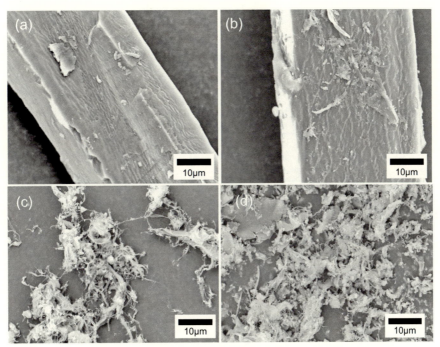

図7　木材繊維の SEM 写真
(a)針葉樹未粉砕, (b)広葉樹未粉砕
(c)針葉樹 200 rpm/4 時間粉砕, (d)広葉樹 200 rpm/4 時間粉砕

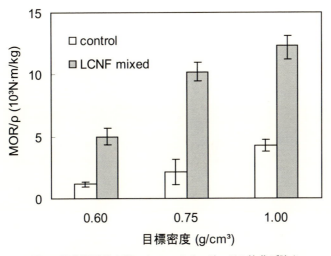

図8　針葉樹繊維を用いたファイバーボードの比曲げ強さ

2.2.4 その他の木質ボード類へのCNF添加による補強効果の実証

ここまでに木粉ボード，ファイバーボードにおけるCNFによる補強効果の研究について紹介してきたが，その他に木粉や木材繊維よりもさらにサイズの大きなパーティクルをエレメントとするパーティクルボードにおける補強効果も検討した[5]。その結果，エレメントがパーティクルであってもCNFによる十分な補強効果が得られることが明らかとなった。また，断熱材として使用されるインシュレーションボードにおいても，CNFの利用を目指している。これはCNFのネットワーク構造ならびに空隙制御能力を利用した断熱性能の向上を狙いとしており，CNF利用の新たな可能性を示唆するものである。

2.3 混練型木材プラスチック複合材料におけるCNFの利用技術開発

2.3.1 混練型WPCとは

混練型木材プラスチック複合材料（混練型WPC）は木粉等の植物原料を充填材（フィラー）として用いており，廃プラスチック樹脂の利用が可能なことから，環境に配慮した材料として，近年注目を集めている。混練型WPCは木材よりも高い耐水性をもち，プラスチックよりも高い強度，弾性を持つことから，外装用ウッドデッキ材への利用に焦点が当てられ，1992年に北米にて初めて製品化された[6]。その後，防腐処理ウッドデッキ材における薬剤規制の影響により急速に需要が拡大し，2010年には世界で150万トン/年を超える市場規模となった。現在も主な用途は外装用デッキ材であるが，他のプラスチック複合材料と同様に様々な形状へ成形が可能であるという特徴から，自動車の内装用部品や日用品等への利用が今後拡大すると考えられる（図9）。

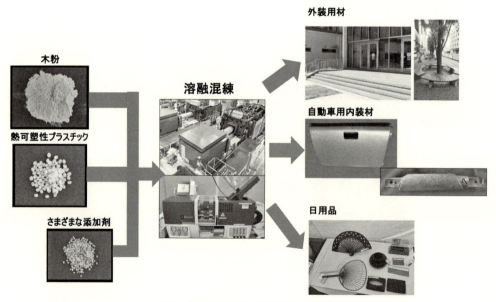

図9　混練型WPCの製造手法と用途

第2章 その他の利用と応用展開

混練型 WPC の特性はフィラー，マトリックスおよび添加剤の特性や成形手法等に影響を受けると報告されている[7]。特に木粉のサイズや形状は混練型 WPC の機械的・物理的特性を決定づける重要な因子である。ここでは筆者らがこれまで取り組んできた CNF を添加した混練型 WPC についての研究事例を2つ挙げて紹介する[8,9]。

(1) 木粉から作製した LCNF による混練型 WPC への補強効果の検証
① 実験方法の概略

フィラーにはサイズ 600 μm 以下のスギ木粉を使用した。また，マトリックス樹脂，相容化剤にはポリプロピレン（PP），無水マレイン酸変性 PP（MAPP）をそれぞれ用いた。木粉 13.5 g と蒸留水 200 g をボールミルポットに投入し湿式粉砕を行い LCNF を作製した。回転数は 150，200，250 rpm の3条件，粉砕時間は 1，2，4，8，16 時間の5条件とした。作製した LCNF はアルコール置換を行った後，凍結乾燥し，粉末状 LCNF を得た。作製した粉末状 LCNF は粒度分布測定，SEM 観察により，サイズおよび形状の評価を行った。その後，粉末状 LCNF，PP，MAPP をそれぞれ 4，91，5 wt％ の割合で計量し，ボールミルにて 200 rpm/1 分間混合した。この混合物を射出成形機にて成形し，各種性能試験に供した。

② 実験結果の概略

図10にボールミル回転数，粉砕時間と混練型 WPC の引張強度の関係を示す。回転速度が速く，粉砕時間が長くなるほど WPC の強度が向上した。最大強度は 250 rpm/8 時間の条件で作製した LCNF を用いた条件であり，次いで 200 rpm/8 時間で作製した LCNF を用いた条件であった。この2条件は平均粒径がともに 10 μm 程度となっているが 250 rpm/8 時間処理した場合は木粉表面にフィブリル構造が観察された。このフィブリル構造を持つ LCNF によってマトリックス樹脂を補強したことで強度が向上したと考えられる。

③ まとめ

木粉から作製した LCNF による混練型 WPC への補強効果を検証した。フィブリル構造が明

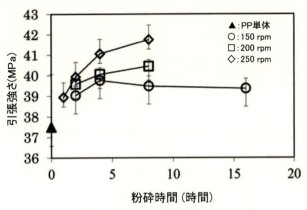

図10 LCNF を使用した混練型 WPC の引張強さ

確に確認できたLCNFがより高い引張強さを示したことから，LCNFは混練型WPCにおいて通常の木粉よりも高い補強効果が発現することが示唆された。

(2) CNF添加木粉による混練型WPCへの補強効果の検証

① 実験方法の概略

サイズ150μm以下の製品木粉，PP，MAPPを用意した。CNFには市販の固形分10 wt%のスラリーCNFを用いた。まず，CNFと木粉を80℃，30 rpmに設定したニーダー内で10分間混練した混合物を凍結乾燥することで，木粉表面にCNFのフィブリル構造を付したCNF添加木粉の作製を試みた。CNFと木粉の混合比は0：25，3：22，5：20，10：15の4条件とし，各種評価に供した。混練型WPCの混合比は，CNF添加木粉25 wt%，PP 74 wt%，MAPP1 wt%とし，射出成形機にて成形し，各種性能試験に供した。

② 実験結果の概略

図11にCNF添加木粉（CNF添加率3 wt%）のSEM写真を示す。この画像から木粉表面にフィブリル構造が確認できた。この構造は木粉単体では確認できなかったため，CNFの吸着によるものであり，添加したCNFの全てもしくは一部が木粉表面に吸着し，CNF添加木粉はナノ構造ファイバーの形態をとったと考えられる。

図12にCNF添加木粉を用いた混練型WPCの引張強さを示す。CNFを添加した全条件でCNF未添加の条件より高い強度を示し，CNF添加率3 wt%の条件で最大値を示した。これは木粉に吸着したCNFのフィブリル構造が強度向上に貢献したものと考えられる。

③ まとめ

本研究ではCNFを木粉に吸着させることで作製したCNF添加木粉がナノ構造ファイバーとなるかを確かめること，また，CNF添加木粉の混練型WPCへの補強効果を検証した。CNFを少量添加した際のCNF添加木粉はナノ構造ファイバーとなっている可能性が示唆され，これを

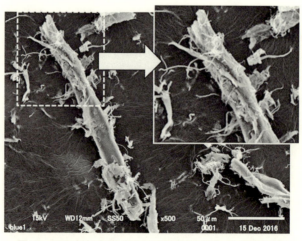

図11 CNF添加木粉（CNF添加率3 wt%）のSEM写真

第 2 章　その他の利用と応用展開

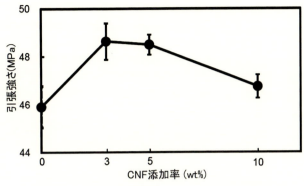

図12　CNF 添加木粉を用いた WPC の引張強さ

用いた混練型 WPC は高い引張強さを示した。

2.4　総括

　本稿では，木質材料の中でも特に，木質ボード類および混練型 WPC における CNF 添加による補強効果の実証研究の 1 例を紹介した。CNF を添加することで，強度面における補強のみならず，例えば CNF のネットワーク構造を利用してインシュレーションボードの断熱性の向上を目指す等，CNF 特有の性質を上手に活かすことができれば，これまでにはない面白みを持った木質材料の開発が今後ますます発展していくことと思う。

文　　献

1) K. Umemura *et al.*, *J. Wood Sci.*, **59**, 203 (2013)
2) Y. Kojima *et al.*, *J. Wood Sci.*, **59**, 396 (2013)
3) Y. Kojima *et al.*, *J. Wood Sci.*, **61**, 492 (2013)
4) Y. Kojima *et al.*, *J. Wood Sci.*, **62**, 518 (2016)
5) Y. Kojima *et al.*, *For. Prod. J.*, in press (2018)
6) 渡邉厚，木材工業，**67**(11), 466 (2012)
7) D. J. Gardner *et al.*, *Curr. Forestry. Rep.*, **1**, 139 (2015)
8) A. Isa *et al.*, *J. Wood Chem. Technol.*, **34**, 20 (2014)
9) K. Murayama *et al.*, *For. Prod. J.*, in press (2018)

3 セルロースナノファイバーの炭化による新規炭素材料の調製と特性解析

宇山 浩*

3.1 はじめに

環境問題とエネルギー問題は，21世紀を生きる我々にとって，今世紀中に解決すべき最重要課題であり，これまでの石油資源を中心とした大量生産／大量消費社会から再生可能資源を用いた持続型社会への転換が求められている。その中でも近年，温室効果ガスである二酸化炭素が地球温暖化の原因のひとつであることから，化石燃料を使わない電気自動車や燃料電池車，ガソリン車の燃費改善技術への関心が高まっている。

多孔質炭素材料は多数の細孔を有しており広い表面積，化学的安定性，熱的安定性，電気伝導性に優れている。そのため従来より繊維，吸着材，触媒担体，水素やメタンなどの貯蔵，蓄電デバイスなどの様々な分野で応用されている[1]。蓄電デバイスの中でも小型，軽量かつ高性能なリチウムイオン二次電池（Lithium Ion Battery；LIB）は携帯電話やノートパソコンなどの幅広い電子機器に搭載され，我々の便利で豊かな生活を支えている。その一方で二次電池と異なり充放電過程でファラデー反応を伴わないため，瞬時に大電流を供給でき，用途に応じた低速及び高速充放電を可能とし，サイクル寿命が長いという特徴をもつ蓄電デバイスの電気二重層キャパシタ（Electric Double Layer Capacitor；EDLC）の研究が盛んに行われている。EDLC は電極と電解液界面でのイオンの物理的な吸脱着を利用した蓄電デバイスである（図1）。化学反応を伴う LIB と比較しエネルギー密度が低いといった短所があるため，LIB との併用による自動車のアシスト電源，無停電電源装置，発電変動の激しい太陽光発電の平準化デバイスなど，電力補助シス

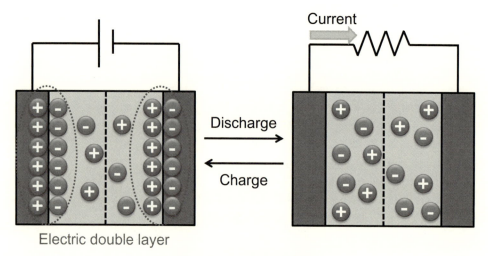

図1　EDLC の原理の模式図

* Hiroshi Uyama　大阪大学　大学院工学研究科　応用化学専攻　教授

第2章　その他の利用と応用展開

テムとして幅広く利用されている。

現在，EDLC 電極材料には活性炭（AC），カーボンナノチューブ，カーボンファイバー，グラフェン，植物由来の炭素材料が主に検討されている。これらの炭素材料を電極とするキャパシタの幅広い応用を将来的に検討していく上で，EDLC のみではエネルギー密度が低いといった課題を解決するために，制御された多孔構造と高比表面積を有する階層的な多孔質炭素に関する技術開発が求められる。EDLC 用電極への応用において，階層的な多孔質炭素にはイオンの拡散抵抗や電荷移動抵抗の低減が報告されている。この階層的な多孔質炭素の作製方法として物理的賦活，化学的賦活，ポリマーのエアロゲルの炭化，鋳型で作製した前駆体の焼成といった方法が研究されている。これらの炭素材料の中でもセルロースを実質的な炭素源とするヤシ殻 AC や石炭などからの天然材料から製造される AC は，安価ではあるが構造制御が困難であり粒子サイズや形状が不均一である。そのため AC を電極に用いると粒子どうしの接触抵抗が非常に大きくなり，電子伝導性が低下する。EDLC の容量は単に電極材の比表面積に比例するわけでなく，細孔の大きさや形状，電極材の導電率，電解液との親和性，炭素材料中に存在する官能基による疑似容量などの様々な要因が関係することがすでに報告されている。また，実用的な EDLC 電極には AC だけでなく電子伝導性を向上するためにアセチレンブラック（Acetylene Black；AB）などの導電助剤や成型のためにポリテトラフルオロエチレン（Polytetrafluoroethylene；PTFE）などのバインダーの添加を必須とする。しかし AB は嵩高く比容量が小さく，PTFE は絶縁体であるために容量低下を招く。このような課題を解決を目指し，AB や PTFE の添加を必要としない電極材の開発も行われている。

本節ではナノセルロースを炭素源とするナノ炭素材料の合成と用途開発について，電極材料への応用を中心に述べる。

3.2　ナノセルロースを炭素源とする機能性炭素材料

地球上のほとんどのセルロースは植物が産出しているが，酢酸菌（*Glconacetobacter xylinum*）はセルロースを産出することが知られており，バクテリアセルロース（BC）と呼ばれる。BC はナタデココとしてデザートに用いられ，東南アジアではココナッツウォーターを原料として安価に製造される。BC はハイドロゲルとして得られ，その重量の99％以上が水である。BC は植物由来のセルロースと異なり，ヘミセルロースやリグニンを含まない高純度の結晶性のナノファイバーである。BC ゲルはバクテリアの体内から排出されたセルロースがフィブリル化し，50〜100 nm 幅のリボン状 BC ナノファイバーが三次元ネットワーク構造を形成したものである。一般に BC は液体培地中での静置培養により合成され，BC ゲルは培養液／空気界面から培養液内へ成長するため，BC ゲルは面方向においては均一なナノサイズのネットワーク構造を有するが，厚み方向にはミクロンサイズの層状構造をもつという異方性を有していることが知られており（図2），この特性を活かした機能材料が創製されている[2,3]。また，培養条件によってゲルの形状，強度を制御することが可能である。このような特徴は他の高分子ゲルには見られない特徴

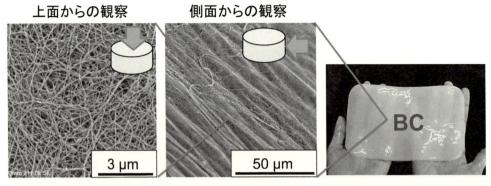

図2 BC の SEM 写真

であり，BC ゲルは植物セルロースだけでなく，他の高分子ゲルと比較してもユニークな材料であるといえる。BC は古くから知られた材料であるが，近年，BC の特異な構造に着目した機能材料が活発に研究されている。

BC 複合材料の作製方法として分散法，溶液法，培養法，バルク法が挙げられる[4]。分散法は機械的操作で BC ゲルを破壊することなどにより得られた均一な分散液に対して，溶液法はセルロース溶剤に BC を溶解させた均一な BC 溶液に対して，それぞれ他の材料を添加して複合化する手法である。この二つはフィルムやシートの作製に適した方法であり，均一な BC 複合材料が得られる反面，三次元ネットワーク構造や層状構造といった植物由来セルロースとは異なる BC ゲルのユニークな構造が失われるという欠点が指摘されている。培養法はポリマーなどを溶解または分散させた培地中で，酢酸菌を培養することによって BC 複合ゲルを作製する手法であり，培地との親和性の高い材料でないと複合化が難しい。バルク法は BC ゲル内に他の材料を入れた後，化学反応により複合化する手法である。汎用性が高く BC ゲルの三次元構造を活かすことができるが，操作が煩雑であることが多い。

近年，炭素エアロゲル，カーボンナノチューブ，グラフェンフォームをはじめとして三次元炭素材料が注目されている。BC はカーボンナノファイバー（CNF）からなるエアロゲルの前駆体として有望であるが，生産性の点で課題があった。最近，工業生産されている BC 薄膜を用い，凍結乾燥法を組合せることで大量合成が可能となった[5]。得られた CNF エアロゲルは 4〜6 mg/cm^3 と密度が極めて低く，優れた圧縮性と難燃性を示した。シリコーンとの複合化により柔軟性が付与でき，伸縮性材料への応用が検討されている。油の吸着性にも優れ，重油などによる海洋汚染への対応が期待されている。また，染料を吸着した BC の焼成により，ヘテロ原子を多く含む炭素材料が開発されている。

多孔材料としては，三次元ネットワークの骨格とその空隙（貫通孔）が一体となったモノリスが次世代型多孔材料として注目され，高機能材料へ応用されている[6]。モノリスは本来，「一つの塊」を意味する単語であるが，分析化学分野で連通孔を有する多孔質体カラムをモノリスと称

第2章 その他の利用と応用展開

したことがきっかけとなり，化学分野でモノリスという用語が広まった。網目状の共連続構造をもつ一体型のモノリスでは骨格と流路となる孔のサイズを独立して制御可能であり，それらのサイズを均一に作製することができ，更に材料の部分である骨格も流路と同様に連続したネットワーク構造を形成しているため，高い強度を示すといった特徴が知られている。ポリアクリロニトリル溶液（PAN）の熱誘起相分離を利用したモノリスの作製と焼成・賦活化による活性炭モノリスへの変換が検討された[7,8]。この活性炭モノリスは優れた二酸化炭素吸蔵能を示し，EDLC用材料としても有望である。しかし，この活性炭モノリス単独では接触抵抗が大きく，ABなどの導電助剤の添加を必要とする。

積層構造を有するBCに着目し，BC存在下にポリマー溶液の粘弾性相分離を行うことで，マクロにはBCの積層構造（2D構造），ミクロにはBC由来のセルロースナノファイバーと相分離により得られるモノリス骨格からなる3D/3D構造を有する複合材料が得られる。この多孔質複合材料は，分子レベルでの相互網目高分子網目をナノ〜サブミクロンサイズの高分子骨格に広げて多孔質状にしたものである。このコンセプトはBCゲル存在下のPANモノリスの作製により具現化された（図3）[9]。

この多孔質体を活性ガスとして二酸化炭素を用いて焼成・賦活することで多孔質炭素材料（BC-PAN AC）が得られた。BET分析から二酸化炭素で賦活することでミクロ孔が生じ，大きな比表面積（$1270\,\mathrm{m^2/g}$）に達した。PANモノリスのみを賦活化した活性炭モノリス（PAN AC）と比較したところ，比表面積は同程度であるが，BC-PAN ACのほうが細孔径が大きかった。サイクリックボルタンメトリー（CV）による電気化学的特性の評価では，BC-PAN ACの低走査速度時のボルタモグラムはキャパシタ特有の長方形型をしており，高走査速度時も形状，大き

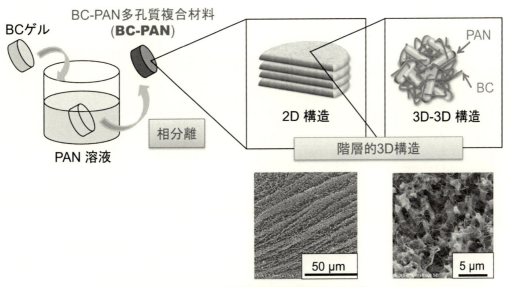

図3 BC-PAN多孔質複合材料の階層的3D構造

さとともに維持した（図4）。一方，PAN AC は高走査速度時のボルタモグラムが変形し，容量値も低下した。これらの結果から，導電助剤を添加しない系で BC-PAN AC が PAN AC より高走査速度時の応答に優れていることが明らかになった。

　定電流充放電試験では，電流密度 1000 mA/g の充放電曲線より，BC-PAN AC，PAN AC とともにキャパシタ特有の応答を示したが，PAN AC は放電切り替わり時の電圧降下（IR ドロップ）が BC-PAN AC よりも大きく，セルの内部抵抗がより大きいことが示唆された（図5）。IR ドロップを除いた放電曲線の傾きから両極比容量を算出したところ，BC-PAN AC は PAN AC と比べて電流密度に対する容量維持率が高いということがわかった。電極に導電助剤として AB を 10 wt％添加して比較した場合，PAN AC においては AB を添加することで IR ドロップが減少し，大電流時の比容量が増加し，電流密度に対する容量維持率が高くなった。一方，BC-PAN AC においては電流密度に対する容量維持率は向上したものの，すべての電流密度において両極比容量が低くなった。これは比容量の小さな AB を添加したことで電極の重量に対する比容量が

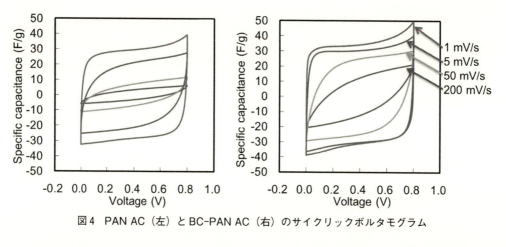

図4　PAN AC（左）と BC-PAN AC（右）のサイクリックボルタモグラム

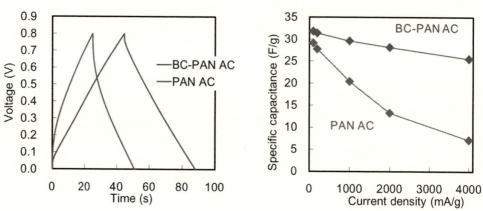

図5　PAN AC と BC-PAN AC の充放電曲線（1000 mA/g, 左）と電流密度に対する比容量（右）

第2章　その他の利用と応用展開

低下したためであると考えられる。これらの結果は，BC-PAN AC は導電助剤無添加で高い性能を示し，導電助剤無しでも機能する電極材料であることが示している。また，三極式のセルを用いる交流インピーダンス法により電極の抵抗成分の解析により，BC-PAN AC は PAN AC と比べて接触抵抗が低いことがわかった。

BC-PAN AC 電極において粒界抵抗が低減した原因を調査するため電極表面の SEM 観察が行われた（図6）。BC-PAN AC 電極は導電助剤の有無にかかわらずはっきりとした粒界が観察されなかっが，PAN AC と AC 電極は AB 無添加でははっきりとした粒界が見られ，AB を添加することで粒界が埋まっている様子が観察された。また，PAN AC 電極や市販のヤシ殻 AC（YP50F）の電極を構成する炭素粒子は大きさと形状が不均一であり，それにより多くの粒界が生じたが，BC-PAN AC 粒子は平板状であり，それがパズルのピースのように整列し粒子どうしが密接に接着していることがわかった。電極を構成する平板状粒子の配向が，導電助剤無添加の BC-PAN AC 電極の内部抵抗の低減に寄与していると考えられる。

BC 中でのアクリロニトリルモノマーの乳化重合による BC/PAN ナノ粒子複合材料（BC-PAN NP）が合成され（図7），同様に多孔質炭素材料に変換された。この BC-PAN NP の SEM 観察では，BC のナノファイバー上に PAN ナノ粒子が付着している構造が観察された。

図6　BC-PAN AC 電極と PAN AC 電極の SEM 写真

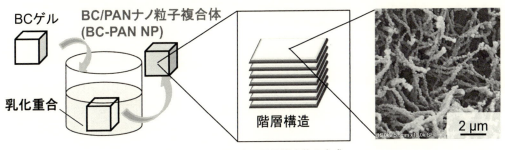

図7　BC-PAN ナノ粒子複合体の合成

BC-PANをKOH賦活したところ，BC由来のナノファイバーをSEMで確認することができなかったが，ナノ粒子からなる平板状の粒子が観察された。TEM観察により炭化，賦活後においてもPAN由来のACナノ粒子がBCのナノファイバーを覆うような構造が保持されていた。賦活によって2nm以下のミクロ孔が導入され，BET比表面積は1980 m^2/gであった。

CVによるEDLC特性評価では，200 mV/sの高電位走査速度時におけるボルタモグラムがYP50Fと比較して面積が大きく高容量であった。0.05 A/gから30 A/gの定電流充放電試験の放電曲線から比容量を算出したところ，30 A/gの電流密度で196 F/g，であり，YP50Fより上回った（129 F/g）。容量維持率は63%であり，導電助剤を添加した従来のACよりも高容量維持率を示した。電極のSEM観察を行ったところ，電極表面の粒界が密に埋まっている様子が確認でき，粒子間の粒界抵抗が低減したことが示唆された。これはPAN由来のACナノ粒子が粒子間の導電パスを形成しただけでなく，BC特有の階層構造により粉砕時に異方的に割れ，ナノ構造を有する平板状の粒子が得られたためであると考えられる。これらの結果から，BCをテンプレートとし，PANの乳化重合粒子を複合化することで階層構造を有した炭素材料が得られ，導電助剤を添加せずに優れたEDLC性能を示す電極材が得られたことがわかった。

PMMAモノリスとBCの複合材料の焼成によっても，EDLC用高性能ACが開発された[10]。KOH賦活により得られたACの比容量を定電流充放電試験の放電曲線から算出したところ，0.5 A/gの電流密度で266 F/gであった。重量エネルギー密度は重量出力密度200 W/kg時に23.6 Wh/kgに達し，1万回繰返しテストで初期電気容量の95%が維持された。

BCを多糖類と複合したゲルもEDLC用多孔質炭素の前駆体となる。アルギン酸ナトリウム塩（SA）の水溶液にBCを浸漬し，これを凍結乾燥することでBC-SA複合材料が得られる。900℃でKOH賦活することで比表面積1870 m^2/gのACに変換された。比容量は0.5 A/gの電流密度で302 F/gであり，エネルギー密度は23.7 Wh/kgとなり，EDLC用電極材料としての高い潜在性を示した[11]。BCゲルをカルボキシメチルセルロースと複合化させ，クエン酸を用いて架橋した材料をKOH賦活したACも優れた性能を示す。比容量は0.5 A/gの電流密度で350 F/gであり，10 A/gの電流密度でも73%維持した。5 A/gでの1万回繰返しテストにおける容量維持率は96%であった。また，このACを用いてLEDデバイスを作製し，性能を評価したところ，わずか15秒の充電で点灯した。

3.3 おわりに

本節ではBCの焼成により得られる多孔質炭素のEDLCへの応用を中心に述べた。セルロースは炭素前駆体として古くから知られており，セルロースナノファイバーをはじめとするナノセルロース[12,13]の焼成により得られるナノ炭素材料には特異な構造に基づく多くの応用が想定される。セルロースやバイオマスの焼成により得られる階層構造を有する多孔質材料にはEDLCやLIBを中心とした電極材料に関する多くの研究がある[14~16]。今後，これらを活用したナノセルロース由来のナノ炭素材料に関する研究がエネルギー分野を中心として発展することを期待したい。

第2章 その他の利用と応用展開

文　献

1) 炭素応用技術の新展開，シーエムシー出版 (1988)
2) H. Shim, X. Xiang, M. Karina, L. Indrarti, R. Yudianti, H. Uyama, *Chem. Lett.*, **45**, 253 (2016)
3) Q. Wang, T. Asoh, H. Uyama, *RSC Adv.*, **8**, 12608 (2018)
4) N. Shaha, M. Ul-Islama, W. A. Khattaka, J, K. Park, *Carbohydrate Polym.*, **98** 1585 (2013)
5) Z.-Y. Wu, H.-W. Liang, L.-F. Chen, B.-C. Hu, S.-H. Yu, *Acc. Chem. Res.*, **49**, 96 (2016)
6) 宇山　浩，高分子論文集，67，489 (2010)
7) K. Okada, M. Nandi, J. Maruyama, T. Oka, T. Tsujimoto, K. Kondoh, H. Uyama, *Chem. Common.*, **47**, 7422 (2011)
8) M. Nandi, K. Okada, A. Dutta, A. Bhaumik, J. Maruyama, D. Derks, H. Uyama, *Chem. Commun.*, **48**, 10283 (2012)
9) A. Dobashi, J. Maruyama, Y. Shen, M. Nandi, H. Uyama, *Carbohydrate Polym.*, **200**, 381 (2018)
10) Q. Bai, Q. Xiong, C. Li, Y. Shen, H. Uyama, *ACS Sus. Chem. Eng.*, **5**, 9390 (2017)
11) Q. Bai, Q. Xiong, C. Li, Y. Shen, H. Uyama, *Appl. Surface Sci.*, **455**, 795 (2018)
12) 図解よくわかるナノセルロース，ナノセルロースフォーラム編，日刊工業新聞社 (2015)
13) セルロースナノファイバー技術資料集，シーエムシー出版 (2016)
14) J. Deng, M. Li, Y. Wang, *Green Chem.*, **18**, 4824 (2016)
15) M. M. Pérez-Madrigal, M. G. Edo, C,Alemán, *Green Chem.*, **18**, 5930 (2016)
16) W. Long, B. Fang, A. Ignaszak, Z. Wu, Y.-J. Wang, D. Wilkinson, *Chem. Soc. Rev.*, **46**, 7176 (2017)

4 セルロースナノファイバーをベースとした高伸縮・温度応答ハイドロゲル

寺本好邦*

4.1 はじめに

　セルロースやキチン・キトサンなどの構造多糖は，生体の骨格を支持する化合物である。植物細胞壁の主成分であるセルロースは地球上でもっとも多量に存在する有機物であり，コットンとしてほぼそのまま，あるいは木材をパルプ化する工程を経て，工業生産法と産業利用用途が確立されている。キチン・キトサンは原料供給規模には限りがあるものの，潜在的な存在量は膨大である。これらの構造多糖には，環境的あるいは資源的側面から注目が集まりやすい一方で，筆者らはこれらの化合物の分子構造やそれに基づく高次構造を正確に理解すれば，機能材料化用素材としての魅力を引き出せるものと考えている。ただし応用のためには，一般的な溶媒への溶けにくさや熱加工性の乏しさなど，加工上の制約がハンデとなることも認識する必要がある。

　筆者は，2000年代からセルロースやキチンの材料としての応用に関して，分子・分子集合体レベルでの諸特性に注目した研究―分子鎖の修飾，異種ポリマーとの分子複合化，分子集合体の構造制御，ならびに配向制御と，それらによる機能発現―を展開してきた。2014年より，それらの分子・分子集合体レベルでの知見をベースとして，近年大きな注目を集めているセルロースナノファイバー（CNF）をはじめとする構造多糖のナノ素材の材料としての機能化研究に取り組んでいる。

　最近筆者らは，CNFの水への分散性やナノ形状といった特性を損なうことなくビニル重合能を導入し，水溶性ビニルモノマーの in situ 重合によってポリマーと複合化して，高伸縮ハイドロゲルを得ている。本節では，セルロース／ポリマー分子複合系の研究の経緯を振り返りつつ，CNFに拡張した路線展開をご紹介する。

4.2 セルロース系高分子材料の分子レベルでの構造設計と機能化

　セルロースは衣料や紙として古来人類との関わりが深い。天然状態の繊維としてばかりでなく，高分子の概念が確立される以前の19世紀から「元祖」熱可塑性プラスチックであるニトロセルロース（セルロイド）や溶解再生プロセスを経るレーヨンとして，化学的な加工を経て工業化されている。研究の面では，合成系の高分子材料と適宜対比させつつ，結晶構造，溶液物性，液晶性，置換基分布の評価とその制御などのエレガントな知見が蓄積されている[1,2]。

　セルロース系素材を固体高分子材料として観た場合，バルク体の物性は，構成分子の一次構造によってまずは解釈できる。一方，セルロースが本来形成する分子間水素結合とそれに伴う結晶化によってセルロース系素材の熱可塑性は概して乏しい。これにより分析手法が限られるため，一次構造とバルク体物性をつなぐ数～数十nmスケールの構造（高分子鎖の集合状況や凝集体）

---

*　Yoshikuni Teramoto　岐阜大学　応用生物科学部　応用生命科学課程，
　　　　　　　　　　　　　生命の鎖統合研究センター（G-CHAIN）　准教授

第2章 その他の利用と応用展開

についての知見はあまり集積されていなかった。

セルロースの材料科学的研究にとって，1980年代から西尾らによって確立された「セルロースと異種ポリマーとの微視的複合化」[3〜6]は，重要なマイルストーンである。これはセルロースを N,N-ジメチルアセトアミド（DMAc）-塩化リチウムなどの非水系溶媒に溶解して調製する，高い混和性あるいは分子レベルでの相溶性を示すセルロース／合成ポリマーの複合体・ブレンドのシリーズである。セルロースは汎用の溶媒には溶けないため，このような複合材料の設計の障壁は高かったが，セルロースを分解しない溶媒系の活用によって大きく発展した。特に，緊密に複合化されているポリマー複合系ではガラス転移挙動が均一化される―ガラス転移をもたらすセグメントの協同運動のスケールが20〜30 nmである―ため，示差走査熱量（DSC）分析や動的粘弾性試験（DMA）などによって，セルロース系複合体の数十 nm オーダーでの構造－物性相関の知見が蓄積された。ほぼ並行して，同様な溶媒を用いた「溶液凝固－塊状重合法」によるセルロース系の相互侵入網目（IPN）型の複合体の調製法も確立されている[5,7]。ポリマーどうしの相溶性（混合によるエントロピー増大の寄与が乏しく一般に低い）による制約を回避して，対成分となるポリマー種の選択の幅を広げたという点で，セルロース系 IPN もまた非常に重要である。

筆者らは，2000年代から，微視的複合体の解析手法を援用してセルロース系グラフト共重合体の一次構造〜バルク体の物性発現に至る間の分子凝集構造を精査してきた。その後，ローカルなセグメントの配向制御を基に異方性を導入・設計したバルク材料を設計し，ゼロ複屈折や高誘電率化などの機能発現に結びつけることに成功している。一連の研究要素を図1にまとめた。この辺りの経緯は総説[5,8,9]や最近の書籍[6]に詳しい。

4.3　CNFからの高伸縮材料

当グループは CNF 研究では後発なので，CNF 調製法の開発に取り組むよりも，商業化されている CNF（例えば BiNFi-s，㈱スギノマシン製）をうまく使って，今までにない物性をもつ材料を創る，というコンセプトで検討を進めた。そのためには前項で触れたセルロースの分子複合体の知見から学ぶべきことは多い。

その一方で，この二十年来，合成ポリマーをベースとした IPN のコンセプトは，ハイドロゲルの分野に新たな変革をもたらした。すなわち，分子レベルで制御されたネットワーク構造を構築することにより，それまでのゲル物性の概念を超える物性を有する複合ゲルが創製されている[10〜14]。特に，原口らによって設計されたナノコンポジット（NC）ゲルは，変性ナノクレイを水系で分散させ，N-イソプロピルアクリルアミド（NIPAM）などの水溶性のモノマーを重合してナノクレイ表面に高密度でポリマーを架橋することによって得られる[13,14]。一連の NC ゲルは，1,000 %を超えるような高い延伸性を有するのが大きな特長である。NC ゲルでは，生成するビニルポリマーの架橋点間分子量が大きく，その分布が狭いため，ハイドロゲル中の重合鎖（PNIPAM）が水によって十分に可塑化されて柔軟な高分子鎖として働き得ることから，高い延伸性を有すると解釈されている。

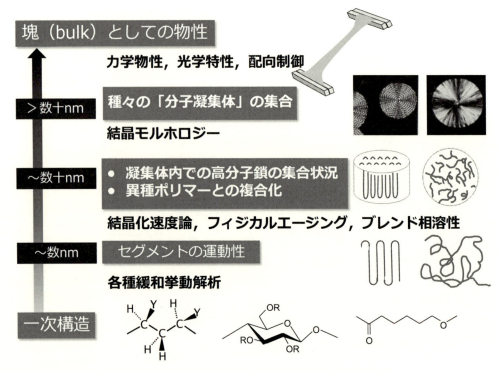

図1　セルロースの分子修飾・複合化の材料科学的な研究要素

　さて，NCゲルを特徴づける「多官能」，「ナノサイズのフィラー」というキーワードは，CNFにも当てはまる。そこで筆者らは，CNF表面に豊富に存在する水酸基の反応性を活用して，ビニル重合が可能な官能基を導入し，修飾CNFを水に分散させた状態で水溶性のビニルモノマーを添加して in situ 重合すれば，明確な形でCNF表面に高密度でポリマーを架橋させられるのでは？と思い至った。このような構造設計により，導入されるビニルポリマー鎖が水で可塑化されて柔軟鎖として振る舞い，結果的にCNF系では報告例の乏しい「伸びる材料」を得られることを期待した。

4.3.1　シランカップリングによる修飾CNF[15]

　まず試みた表面修飾は，シランカップリングである。例えば，ビニル基を有する3-(trimethoxysilyl)propylmethacrylate（MPS）を用いて固体のセルロースを表面修飾することができる。このカップリング剤を使った表面修飾は，セルロースナノクリスタル（CNC）について報告されている：修飾CNCの水分散液中で水溶性モノマーを in situ 重合することによって，高伸縮性のゲルが得られている[16]。ただしこの報告例では，表面修飾後のCNCを乾燥するなど，セルロースの処理の際に一般的には注意すべきことに十分な注意が払われていない。というのも，ナノセルロースに限らず，セルロースは不用意に湿潤状態から乾燥すると，繊維間や分子間に不可逆的な水素結合が形成してしまうのである。セルロースの溶剤への溶解の際などに

第 2 章　その他の利用と応用展開

も，never-dry な状態をキープすることが肝要である。筆者らは，シランカップリングから *in situ* 重合系に持ち込み，最終的にハイドロゲルを得る段階に至るまで，CNF が never-dry な状態を保てるよう配慮して反応手順を考案した。ハイドロゲル調製は，MPS で表面修飾した CNF（mCNF）水分散液にモノマー（NIPAM），開始剤，および触媒を含水率約 90 wt% となるように添加し，20℃ で重合して行った。

得られた mCNF の電界放射型走査電子顕微鏡（FE-SEM）像を，CNF のそれとともに図 2 に例示する。mCNF では，CNF には観られなかった数十 nm 系の粒子状構造体が CNF 表面に付着している様子が観察された。この粒子状構造体は，CNF から独立して存在していたり，凝集している様子は観られなかったことから，CNF 表面に何らかの様式で結合した MPS 重合物と判断した。mCNF 水分散液中で NIPAM を *in situ* 重合して得られた生成物は，流動性を持たないゲルになった。一連の複合ゲルは，当初の目論見通り，「伸びる材料」であった。円柱状に調製した複合ゲル試料の応力－ひずみ曲線も図 2 に示す。いずれの複合ゲルについても，用いた引張試験機の装置的な限界である 700 倍以上伸ばしても破断しなかった。

しかしながら，シランカップリングで修飾した mCNF 系のゲルでは，mCNF の水への分散性が概して低かった。このため，複合ハイドロゲル中の mCNF 含有率許容値には上限があり，よく伸びる材料は得られたものの，引張強度やヤング率などの物性制御には至っていなかった。

4.3.2　無水マレイン酸修飾 CNF：重合能・良分散性の両立と複合ゲルの物性制御[17]

そこで次に，ビニル基とカルボキシ基をともに導入できる無水マレイン酸エステル化により，

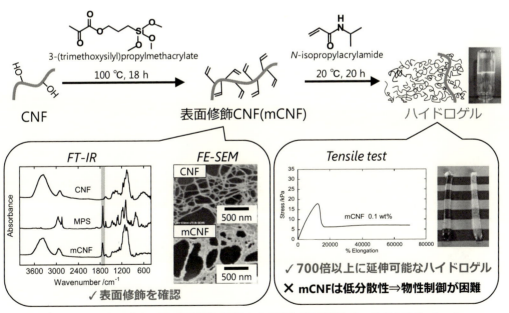

図 2　シランカップリングによる修飾 CNF からの複合ゲル調製とキャラクタリゼーション
（文献 15）から転載許可済み（© 2015 Wiley Periodicals, Inc.））

CNFの水への分散性の向上と複合ハイドロゲルの物性制御の両立を目指した。これは，産総研の岩本らによる木材からのリグノCNF調製法[18]にヒントを得た。彼らは，無水マレイン酸でエステル化しながら木粉をナノオーダーにまで解繊し，太さ3 nmのリグノCNFを得ている。私たちはまず，市販のCNFも，凝集させずに無水マレイン酸でエステル化できることを確認した。

具体的な手順は以下の通りである：固形分2 wt%の水分散液として供給されているCNF（㈱スギノマシン製BiNFi-s）をアセトン→DMAcに溶媒置換した後，無水マレイン酸を加えて120℃で3 h撹拌して表面をエステル化した。DMAcをアセトン→水に置換してから，中和→透析→高圧ホモジナイザーによる再分散→ポリエチレングリコール（分子量2万）水溶液中で透析して濃縮，という精製工程を経て，無水マレイン酸修飾CNF（MACNF）を得た。図3(a)に示すように，as-providedでは白濁しているCNF水分散液の透明性が，表面修飾によって格段に向上する。このMACNF水分散液は負のゼータ電位を示すことから，MACNF表面に導入されたカルボキシ基が解離してファイバー間に斥力が働いているものと解釈できる。

MACNF乾燥試料のFT-IRと固体NMRスペクトルは，いずれもカルボン酸とエステル結合の二つのカルボニル基が存在していることを示し，無水マレイン酸によるエステル化が進行していることを支持した。滴定で表面カルボキシ基含有率を求めたところ，0.864 mmol/g-CNF（置換度DSは0.155に相当）であった。走査型プローブ顕微鏡（SPM）で観察されるMACNFのモルホロジーを図3(b)に示す。物理化学的処理（高圧ウォータージェット技術）で作られている出発のCNFの太さは約20 nmである一方，TEMPO酸化CNF[19]や無水マレイン酸処理で木材から調製されるリグノCNF[18]は3 nm程度の太さとなり，シングルナノファイバーと位置付けられている。筆者らが得たMACNFは5 nm程度の太さになっており，次元的にはシングルナノファイバーに相当するものと考える。MACNFの長さは，SPM像より100〜300 nmと評価された。CNF中のセルロース鎖の重合度（DP）と長さの関係の報告[20]を勘案すると，出発CNFのnominal DPは650であり，これは1 μm以上の長さに相当する。同様にするとMACNFのDPは200〜250と見積もられることから，無水マレイン酸修飾時にCNFが切断されていること

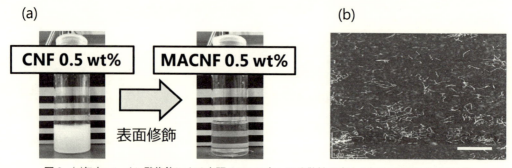

図3 (a)無水マレイン酸修飾による市販CNFの水への分散性の向上と(b)MACNFのSPM像
（文献17）から転載許可済み（© 2016 Elsevier Ltd.））

第2章 その他の利用と応用展開

がわかる。MACNFの広角X線回折より,出発CNFと同様にセルロースI型の結晶構造をとることが示されたが,回折プロファイルはブロードになった。

次いで,MACNFからハイドロゲルを調製した。MACNF水分散液にモノマー(NIPAM),開始剤(過硫酸カリウム水溶液),および触媒(N,N,N',N'-テトラメチレンジアミン)を,系全体の含水率が約90 wt%となるように添加し,氷浴中で攪拌後,20℃で重合した。図4に,得られる複合ハイドロゲルを,同様な水中での重合系をMACNF無添加あるいは元のCNFを適用した場合の生成物と比較して示す。MACNF添加によってのみ,流動性を持たないハイドロゲルが得られることから,MACNFが効果的な架橋点として働いていることがわかる。PNIPAM元来の特性に起因する相転移挙動(透明⇔白濁の下限臨界溶液温度(LCST,〜33℃)でのスイッチング)も観察された。

種々のMACNF濃度で調製した複合ゲルの引張試験のデータを図5に示す。この系に先立つシランカップリング系と同様に,20倍を超えるひずみを与えても破断せず,応力を解放すると元の長さの2倍程度にまでは形状が戻る様子が観察された。一方,表面修飾CNFの水への分散性に難があったシランカップリング系とは異なり,複合ゲル中のMACNF濃度に応じて引張強度が著しく増大する様子が観られた。応力-ひずみ曲線では,降伏点を示した後に,MACNF含有率が高いほどひずみに応じて直線的に応力が増大するという特徴的な挙動を示した。

このように,引張強度がMACNF濃度に著しく依存することの要因を調べるために,引張試験と同様な一軸延伸過程における複屈折(Δn)の変化を,ベレック型コンペンセーターを備えた偏光顕微鏡で測定した。図6に,ひずみに対するΔnの変化を示す。MACNFを1.5 wt%含むゲルを1,600%まで延伸したとき,Δn値はひずみにほぼ比例して0.12に達した。PNIPAMの固有複屈折は負で,その絶対値が10^{-4}オーダー[21]であることから,複合ゲルで観察された正の大きなΔn値は,MACNFの配向に起因する。ここで得られたゲルでは,延伸時にMACNF

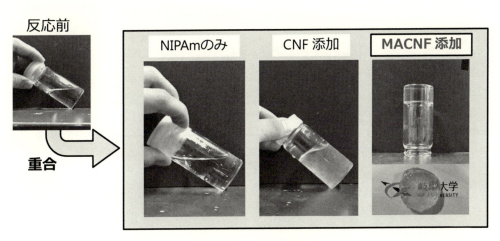

図4 調製したゲルの様子

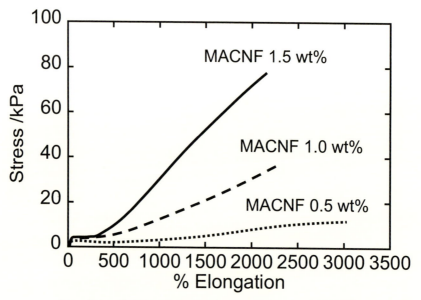

図5　異なる濃度の MACNF を含む複合ゲルの応力－ひずみ曲線
（文献 17）から転載許可済み（© 2016 Elsevier Ltd.））

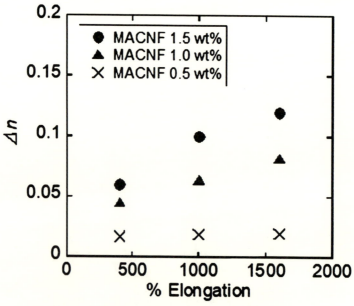

図6　複合ハイドロゲルの一軸延伸時のひずみに対する Δn の変化
（文献 17）から転載許可済み（© 2016 Elsevier Ltd.））

第 2 章　その他の利用と応用展開

が高度に一軸配向することによって，破断強度が著しく向上しているものと考えられる。ナノセルロース系複合材料中で，ナノ構造体が明確に配向して物性発現に寄与していることが示されている例はあまりない中で，筆者らは，MACNF の良好な水への分散性と多官能性重合能を存分に活かした構造設計により，特徴的な高伸縮性を有するハイドロゲルを創製するに至った。

4.4　おわりに

ごく最近，筆者らのグループでは，CNF・CNC といったナノセルロースとポリマーの複合化について，高分子合成化学の観点を重視した総説を発表している[22]のでご参照いただきたい。

ここでご紹介した一連の高伸縮性複合ハイドロゲルの材料設計に際しては，CNF の表面積の大きさと多官能性（水酸基の被化学修飾能）を活用している。CNF の分子レベルでの修飾状態とポリマーとの複合化形態をできる限り明確にしながら，構造と物性の相関が合理的に説明できている系であることから，CNF をベースとした材料設計コンセプトとして一般化できるのでは？と考えている。現状では CNF は主に水分散液として供給されているため，水系で効率的に表面修飾できるようになると，工業的な有用性が増すだろう。

ここで紹介した高伸縮ゲル設計のコンセプトは，生理活性を有するナノキチン・キトサンの組み込み，液晶構造の導入，配向性付与とその活用など，拡張性が高い。構造設計と発展的応用の両面から，広く深い研究を進めていきたい。なお，表面修飾・複合化とは別のラインで，筆者らはナノセルロース・ナノキチンそのものの特性（生理活性，チクソトロピー，酸素バリア性など）を活用し，インクジェットや配向制御などの新たな加工法の開発に取り組みながら，細胞培養パターニング足場材料[23]や紙ベースのマイクロ流体分析デバイス（μPAD）[24] の創製にも成功している。独自の視点でナノセルロースからの機能材料創製手法を提案していきたい。

文　献

1) K. Kamide, "Cellulose and Cellulose Derivatives: Molecular Characterization and Its Applications", Elsevier B. V. (2005)
2) P. Zugenmaier, "Crystalline Cellulose and Derivatives: Characterization and Structures", Springer (2008)
3) Y. Nishio, R. S. J. Manley, *Macromolecules*, **21**, 1270 (1988)
4) Y. Nishio, "Cellulose Polymers, Blends, and Composites (ed. Gilbert, R. D.)", p. 95, Hanser (1994)
5) Y. Nishio, *Adv. Polym. Sci.*, **205**, 97 (2006)
6) Y. Nishio *et al.*, "Blends and graft copolymers of cellulosics: Toward the design of advanced films and fibers" Springer International Publishing (2017)

7) Y. Miyashita, Y. Nishio *et al.*, *Polymer*, **37**, 1949 (1996)
8) Y. Teramoto, *Trends Glycosci. Glycotechnol.*, **27**, 111 (2015)
9) Y. Teramoto, *Molecules*, **20**, 5487 (2015)
10) Y. Okumura, K. Ito, *Adv. Mater.*, **13**, 485 (2001)
11) J. P. Gong *et al.*, *Adv. Mater.*, **15**, 1155 (2003)
12) T. Sakai *et al.*, *Macromolecules*, **41**, 5379 (2008)
13) K. Haraguchi *et al.*, *Adv. Mater.*, **14**, 1120 (2002)
14) K. Haraguchi *et al.*, *Macromolecules*, **35**, 10162 (2002)
15) R. Kobe, Y. Teramoto *et al.*, *J. Appl. Polym. Sci.*, **133**, 42906 (2016)
16) J. Yang *et al.*, *J. Mater. Chem.*, **22**, 22467 (2012)
17) R. Kobe, Y. Teramoto *et al.*, *Polymer*, **97**, 480 (2016)
18) S. Iwamoto, T. Endo, *ACS Macro Lett.*, **4**, 80 (2015)
19) A. Isogai *et al.*, *Nanoscale*, **3**, 71 (2011)
20) R. Shinoda, A. Isogai *et al.*, *Biomacromolecules*, **13**, 842 (2012)
21) K. Haraguchi *et al.*, *J. Mater. Chem.*, **17**, 3385 (2007)
22) A. Chakrabarty, Y. Teramoto, *Polymers*, **10**, 517 (2018)
23) S. Suzuki, Y. Teramoto, *Biomacromolecules*, **16**, 1993 (2017)
24) R. Murase, Y. Teramoto *et al.*, *ACS Appl. Bio Mater.*, **1**, 480 (2018)

5 CNFを用いた自己修復性防食コーティング

矢吹彰広[*]

　金属材料の腐食を防止するために，各種の塗料による防食コーティングが行われる。防食コーティングにおいては，欠陥が生じた場合に新たな防食皮膜が自然に形成する自己修復性が有効である。本稿では，疑似血管としてセルロースナノファイバー（CNF）および腐食抑制剤の吸脱着制御による自己修復性防食コーティングの開発について紹介する。

5.1 はじめに

　自己修復性とは，人間・動物などが生まれながらに持っているケガや病気を治す力・機能のことである。事故などでケガをすると，血管が破れて出血するが，血液中の成分によりかさぶたができ，その後に血管が修復する。建物や自動車などの無機的な構造物にも自己修復力があれば，どんなに素晴らしいことであろう。

　自動車の車体へは美観性，密着性，防食性などの性能を満足させるため，一般に多層コーティング処理がなされる。その中で，防食性を向上させるために，自己修復性の付与が求められている。これはコーティングに欠陥が生じ，金属が腐食環境にさらされた場合にコーティング内部から修復成分が溶出し，それが欠陥部に達し，防食皮膜を形成し，自然に腐食の進行が止まる機能である（図1）。筆者はこれまでに，フッ素樹脂塗膜[1]，微粒子コンポジット[2]，ナノ粒子と有機補修剤[3]，高分子多孔膜[4]，高吸水性高分子[5]を用いた自己修復性防食コーティングの開発を行った。これらの研究をさらに進め，生物を模倣したバイオミメティクスから血管を模倣した構造が有効であることが分かってきた。

　以下では，開発における金属の腐食の基礎，防食コーティングの構造，コーティングの自己修復性の評価方法について説明した後に，セルロースナノファイバー（CNF）を疑似血管として利用した自己修復性防食コーティングの開発について述べる。

5.2 金属の腐食と防食コーティング

　金属が使用される環境中には，水分，酸素，各種イオンなどが存在し，これらの因子が複合されて，局部電池が形成され，腐食が生じる。一般的な水溶液中における金属の腐食反応は電気化学反応として取り扱われ，アノード反応（金属の溶解反応）とカソード反応（金属の溶解反応で生じた電子を消費する反応）の組み合わせで起こる（図2）。

　水溶液中における金属Mのアノード反応（金属の溶解反応，e^-は電子）は(1)式のように表される。

---

[*] Akihiro Yabuki　広島大学　大学院工学研究科　化学工学専攻　教授

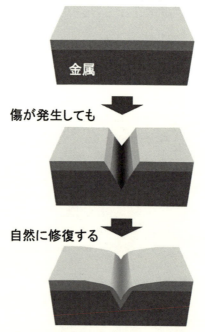

図1 自己修復性防食コーティングによる修復プロセス

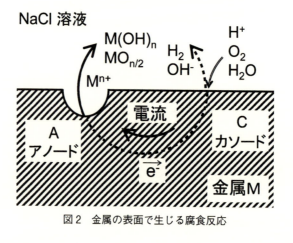

図2 金属の表面で生じる腐食反応

$$M \rightarrow M^{n+} + ne^- \tag{1}$$

酸素を含む中性の水溶液中では O_2 の還元反応がカソード反応となる。

$$O_2 + 2H_2O + 4e^- \rightarrow 4OH^- \tag{2}$$

中性の環境で腐食が進行する場合は(2)式に示すように OH^- が生成され,カソード面における

pHが上昇する。自己修復性防食コーティングによる防食では，このpH変化を自己修復性の制御に利用することが鍵となる。

図2に示す金属表面に生じる腐食を防止する方法として，腐食環境を制御する方法と金属材料を制御する方法がある。環境制御については，(2)式に示されるカソード反応の要因である酸素の除去，pHの制御，腐食抑制剤（インヒビター）の添加による防食皮膜の形成などがある。金属材料の制御方法として，耐食材料の適用，化成処理，表面コーティングなどがある。自動車，構造物の防食には，安価な鉄鋼材料，軽金属材料の表面に防食コーティングを施工することが多い。

化成処理であるクロメート処理はこの自己修復性を有している[6~9]。これら6価のクロム化合物は非常に優れた自己修復性を有しているが，強い毒性と発がん性のために，その使用が規制された[10]。現在は，クロム酸に代わる安全性に考慮した自己修復性を有するコーティングを開発することが求められている。

5.3 自己修復性防食コーティングの構造

自己修復性防食コーティングの修復機構については，人体における修復を考えると理解しやすい。人間の皮膚に切り傷が生じ，その傷が血管まで達すると，血液が出る。血液に含まれる血小板，フィブリンにより傷口にかさぶたができ，出血が止まる（図3）[11]。このかさぶたができるまでがコーティングによる金属表面の自己修復に相当する。かさぶたができる過程で，重要な項目は「血液中に血小板，フィブリンがあること」，「血管の構造」，「血液が出ること」である。これら3つを自己修復性防食コーティングに適用すると，

① 「血液中に血小板，フィブリンがあること」→ 修復剤に何を使うか
② 「血管の構造」→ 修復剤をどのようにコーティング中に入れるか
③ 「血液が出ること」→ 傷が入ったときにどうやって修復剤を溶出させるか

になる。

修復剤をコーティング中にどのように入れるかについては，コーティングの構造が重要となる。ポリマーコーティングを用いた場合については図4に示すように，単層コーティング，多層コーティング，多孔質膜コーティングが挙げられる。さらに，これらコーティングへの修復剤の導入方法は単純に混合する方法，あるいは予め粒子表面に修復剤を吸着させておいたものをコーティングに練りこむ方法，あるいは修復剤をカプセル中に入れておき，それをコーティング中に

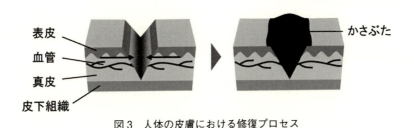

図3　人体の皮膚における修復プロセス

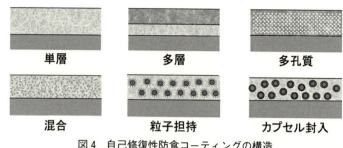

図4 自己修復性防食コーティングの構造

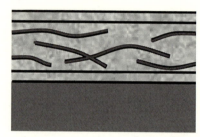

図5 自己修復性防食コーティングにおいてセルロースナノファイバーを用いたネットワーク構造

入れる方法などが考えられる。

　単層コーティングはプロセスが簡単であるが，コーティングの表面が環境に露出しているため修復剤が環境中に放出される場合がある。そのため，修復剤の入ったコーティング上にバリア性の高いコーティングを行う多層コーティングにより，修復剤が環境中に放出されるのを防ぐことが必要である。先に述べたように，これまでの研究から，血管を模倣した構造，すなわちコーティング内部に修復剤を含浸させたネットワーク構造体を形成させることが有効であることが分かってきた。ネットワークの形成には環境に配慮したセルロースナノファイバーを用いた多層構造が望ましいことが分かった（図5）。

5.4　コーティングの評価方法

　コーティングの自己修復性を評価するには，電気化学測定が適している。作製したコーティングにスクラッチ試験機で金属素地に到達するような欠陥を付与する。その試験片を，対象とする腐食環境を模擬した試験液に浸漬させ，電気化学測定を行う。試験中は欠陥部表面の状態をできるだけ変化させない方法として，電位を数 mV 程度で変動させて試験を行う電気化学インピーダンスの測定がよい[12,13]。電気化学インピーダンス測定装置はポテンショスタットおよび周波数応答解析装置を用いる（図6）。試験片に±10 mV の交流を 0.05〜20000 Hz の範囲で変化させて，そのインピーダンスおよび位相差を測定し，低周波数域および高周波数域で測定されたインピーダンスの差を分極抵抗（腐食に対する抵抗）として評価する。欠陥を付与した試験片を試験液に浸漬させた直後は金属素地が出ているため，分極抵抗は低い。欠陥部に防食皮膜が形成され

第2章 その他の利用と応用展開

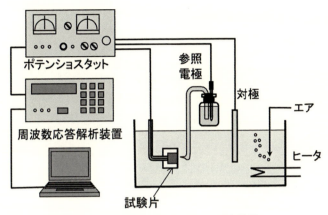

図6 電気化学インピーダンス測定装置

ると，分極抵抗が上昇する。自己修復性の評価はこの分極抵抗の経時変化を測定することによって判断される。

5.5 自己修復性防食コーティングの開発

血管の構造を模倣し，疑似血管としてセルロースナノファイバーおよび修復剤として腐食抑制剤を用いた自己復性防食コーティングの開発を以下に示す。

5.5.1 セルロースナノファイバーを用いた自己修復性防食コーティング[14]

自己修復性の発現には腐食抑制剤をコーティング中に添加する方法がある。しかし，腐食抑制剤を添加するだけでは欠陥部で露出された腐食抑制剤しか溶出できないため，高い自己修復性を得るのが困難である。腐食抑制剤を欠陥部に大量に溶出させるためには，連続した構造体に腐食抑制剤を担持させることが有効であると考えられる。本研究では，ナノファイバーをポリマー中に添加することによって，連続した構造を持ったコーティングの作製を試みた。炭素鋼表面にナノファイバー，腐食抑制剤，樹脂とのブレンドコーティングを行い，腐食液中における自己修復性の評価および添加剤の最適化を行った。さらに，自己修復メカニズムの検討を行った。

基材には，冷間圧延鋼板（C＜0.15％，Mn＜0.60％，P＜0.10％，S＜0.05％）に化成処理皮膜と電着塗装が施されたものを用いた。試験片の大きさは12×12×0.8mmとした。ポリマーコーティングにはエポキシ樹脂，ナノファイバーにはセルロースナノファイバー（CNF，セリッシュKY100G，ダイセルファインケム㈱），および修復剤に鉄の腐食抑制剤である亜硝酸カルシウム（CN）を用いた。CNFの直径は100～500nmであり，バーコート法によってコーティングを行った。膜厚は化成処理皮膜と電着塗装が合わせて16μm，添加剤を含んだエポキシ樹脂が35μm，エポキシ樹脂のみが15μmである。同様の方法で，以下の4種類の製膜を行った。

① エポキシ樹脂にCNFとCNを混ぜてから添加して製膜（CNF＋CN）
② エポキシ樹脂にCNFを添加して製膜（CNF）

③ エポキシ樹脂にCNを添加して製膜(CN)
④ エポキシ樹脂に何も添加せずに製膜(Plain)
これらの構造を図7に示す。

　自己修復性の評価には電気化学測定を用いた。試験片表面に欠陥をスクラッチ試験で付与した後，塩化ビニル製のホルダに取り付け，腐食試験液中に浸漬させた。試験液は 0.05 wt% NaCl 溶液を用いた。温度を 35℃ に保持し，空気飽和を行った。測定は交流インピーダンス法を用いてインピーダンスを測定し，分極抵抗を求めた。測定は，1回目を試験開始5分後に行い，2回目以降を試験開始から1時間ごとに24時間まで測定した。また，腐食試験前後の欠陥部と浸漬前後のコーティング断面について，SEMを用いて観察した。分極曲線は，CNF + CN コーティングとPlainコーティングについて測定を行った。

　図8に，各種コーティングにおける分極抵抗の経時変化を示す。24時間後の分極抵抗を比較すると，CNF + CN，CN，CNF，Plainコーティングの順に高いことが分かった。CNF + CN，CN コーティングはPlainコーティングと比較して分極抵抗が高いため，CNをエポキシ樹脂に添加することで自己修復性を発現することができ，浸漬直後からその性能向上が観察された。さらに，CNをCNFに担持させることでより高い自己修復性を示すことが分かった。

　図9に，添加剤の混合割合を変えて製膜を行ったCNF + CN コーティングの分極抵抗の経時

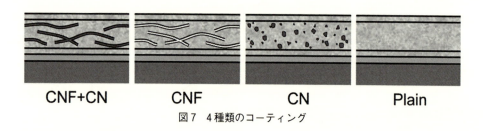

図7　4種類のコーティング

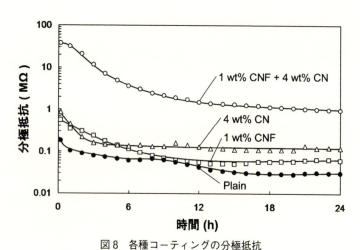

図8　各種コーティングの分極抵抗

第2章　その他の利用と応用展開

変化を示す。なお，CNFとCNの比は1：4とした。24時間後の分極抵抗を比較すると，0.5 wt% CNF + 2 wt% CNのとき，最も高い分極抵抗を示し，浸漬後から分極抵抗はほぼ一定であった。このコーティングより添加剤（CNF，CN）が少ない場合，ある時間が経過すると分極抵抗は急激に減少した。これは溶出するCNが無くなり，欠陥部に形成された防食皮膜が破壊されたためと考えられる。添加剤が多いコーティングの場合，浸漬直後は非常に高い分極抵抗を示したが，時間の経過と共に緩やかに減少した。

図9で最も分極抵抗の高かった0.5 wt% CNF + 2 wt% CNコーティングの試験前および24時間試験後の欠陥部のSEM写真を図10に示す。試験前の欠陥部には金属素地に欠陥部に平行な筋が観察され，試験後にも同様の筋が観察された。これは図9の電気化学測定の結果を踏まえると，金属素地が見えているのではなく，薄く緻密な皮膜が形成されていると考えられる。Plainの24時間試験後の欠陥部には欠陥部に平行な筋は確認されず，腐食生成物が観察されることより腐食が進行していることが確認された。

ガラスプレート上で製膜したCNF + CNコーティングを切断し，断面を露出させた場合のイオン交換水浸漬前後のSEM写真を図11に示す。CNF + CNコーティング断面をイオン交換水

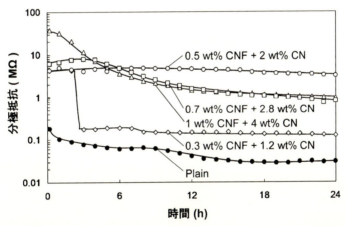

図9　添加剤の混合割合を変えて製膜を行ったCNF + CNコーティングの分極抵抗の経時変化

図10　CNF + CNコーティングの(a)試験前(b) 24時間試験後および(c) Plainコーティングの24時間試験後の欠陥部のSEM写真

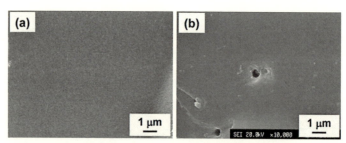

図11　CNF＋CN コーティングの断面 SEM 写真
(a)イオン交換水浸漬前，(b)浸漬後

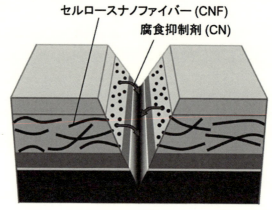

図12　セルロースナノファイバーを用いたコーティングにおける自己修復メカニズム

に24時間浸漬した後，浸漬前断面と比較するとコーティング断面に400 nm 程の空洞が形成されているのが確認された。これは浸漬によってCNFに担持されたCNが溶出し，さらにCNFがコーティング外に放出されたためと考えられる。

　自己修復メカニズムについては，欠陥の発生により浸入した溶液がコーティング中のセルロースナノファイバーに担持された亜硝酸カルシウムを溶出させ，それが欠陥部の金属素地表面に薄く緻密な皮膜を形成したと考えられる（図12）。

5.5.2　セルロースナノファイバーを用いた自己修復性防食コーティングにおける各種腐食抑制剤の影響[15]

　ナノファイバーに担持させる腐食抑制剤の種類を変えることによって，コーティングによる自己修復挙動がどのように変化するかを検討した。

　基材には炭素鋼基材を用いた。ナノファイバーにはセルロースナノファイバー（CNF）を，腐食抑制剤にはモノエタノールアミン（MEA），オレイン酸ナトリウム（SO）を使用した。比較のため，5.5.1項で使用した亜硝酸カルシウム（CN）を用いた。CNFとCN，MEA，SOのいずれかを混合し，これをエポキシ樹脂に添加し，撹拌器と超音波器を用いることで分散させた。

第2章 その他の利用と応用展開

これをバーコーターで基材にコーティングし，その上にエポキシ樹脂のみをコーティングした。添加割合はナノファイバーを 1 wt%，腐食抑制剤を 8 wt% とした。

自己修復性の評価には，電気化学測定を用いた。試験片に欠陥を付与し，腐食液中に浸漬させ，交流インピーダンス法によって分極抵抗を求めた。試験液は 35℃ で，空気飽和させた 0.05 wt% の NaCl 溶液を用いた。試験時間は 24 時間とした。

図 13 に各種試験片の分極抵抗の経時変化を示す。どの腐食抑制剤も何も添加していない試験片より効果があった。CNF + MEA を添加した試験片の分極抵抗は 18 時間までは一定の値を保っていたが，それ以降は徐々に低下していった。CNF + SO を添加した試験片と CNF + CN を添加した試験片について，浸漬初期はほぼ同じ値を示したが，6 時間以降は CNF + CN の試験片は徐々に低下していった。CNF + SO を添加した試験片は 6 時間以降も低下することなく高い値を維持した。

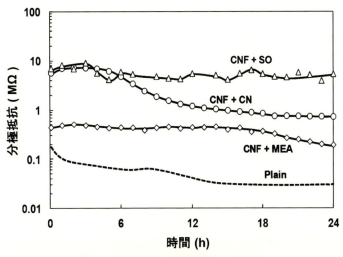

図 13　各種試験片の分極抵抗の経時変化

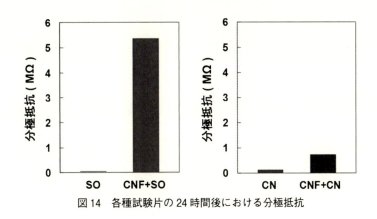

図 14　各種試験片の 24 時間後における分極抵抗

図14に各種試験片の24時間後における分極抵抗を示す。CNとSOのどちらもCNFに添加したことによって，大きな変化がみられた。CNF + CNはCNのみの約7倍の値を示した。CNF + SOは値の変化が大きく，SOのみの約75倍の値を示した。これより，SOについてはCNFに多く吸着し，それが溶出して欠陥部に防食皮膜を形成したものと考えられる。CNについてはCNFへの吸着量がSOと比較して少なく，防食皮膜が不完全であったと考えられる。

　CNF + SOをコーティングした試験片が最も高い分極抵抗を示し，SOを用いることによってCNFの腐食抑制剤を大量に欠陥部へ輸送するという本来の役割をより生かせることができることが分かった。

5.5.3 セルロースナノファイバーを用いた自己修復性防食コーティングにおけるコーティング内pHの影響[16]

　これまでの研究より，pH感受性のある腐食抑制剤を担持させたナノファイバーをポリマーに混合し，それを炭素鋼にコーティングすることによって自己修復性を示すことが明らかになっている[3]。コーティング中における腐食抑制剤の吸脱着の制御，すなわちpHを制御することにより自己修復性の向上を目指した。ここでは，炭素鋼表面にpHの異なるポリマーコーティングを行い，自己修復性について評価を行った。さらに，pHの違いが腐食抑制剤の吸脱着挙動にどのような影響を及ぼすかについて考察を行った。

　基材には，炭素鋼板に化成処理皮膜と電着塗装を施したものを用いた。ポリマーにはエポキシ樹脂を使用し，ナノファイバーにはセルロースナノファイバー（CNF）を用いた。腐食抑制剤としてオレイン酸（OA）および水酸化ナトリウム（NaOH）を用いた。ポリマーのpH調製にはNaOHを用いた。また，ポリマーのpHがNaOHによって変化するかチモールブルーを用いて確認を行った。まず，OAとNaOHを混合した後，CNFに添加混合し，これをエポキシ樹脂に添加分散させた。この混合ポリマーをバーコート法で基材表面にコートし，80℃で2時間の焼付けを行った。さらに，その上にエポキシ樹脂のみをコーティングし，同条件で焼付けを行い，試験片を作製した。比較のためポリマーのみの試験も行った。作製した試験片を以下に示す。

　① ポリマーコーティング内にCNF + OA + NaOH（異なるpH）を添加
　② ポリマーコーティング内にCNF + OAを添加
　③ ポリマーコーティング内に添加物なし（Plain）

自己修復性の評価には，電気化学測定を用いた。試験片表面に欠陥部を模擬した傷を付与し，空気飽和させた35℃，0.05 wt％のNaCl溶液中に浸漬させ，交流インピーダンス法によって分極抵抗の測定を行った。試験時間は24時間とした。また，試験後の欠陥部をSEMで観察し，EDSを用いて分析を行った。

　ポリマーのpH調整については，ポリマーに添加するNaOHとOAのモル比を0〜2.0まで変化させたところ，pHを8.1〜12.8まで変化させることができた。

　図15にpHの異なるポリマーをコートした試験片の分極抵抗の経時変化を示す。比較のため，ポリマーのみの試験結果（Plain）を示す。NaOH/OAモル比が0（pH 8.1）の場合，Plainより

第 2 章　その他の利用と応用展開

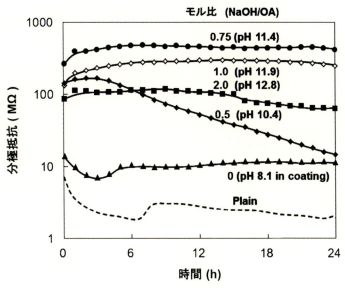

図 15　pH の異なるポリマーをコートした試験片の分極抵抗の経時変化

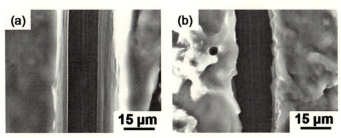

図 16　試験片欠陥部の SEM 写真
(a)試験前，(b)試験後

も高い分極抵抗を示した。モル比が 0.5〜2.0（pH 10.4〜12.8）の試験片の分極抵抗は浸漬初期に急激に上昇した。中でもモル比が 0.75（pH 11.4）の試験片が最も高い分極抵抗値を示し，以前の分極抵抗（モル比 1.0 の試験片）より大きい値を示した。以上より，ポリマーの pH を制御することで分極抵抗を向上させることができた。

図 16 に試験前後の試験片欠陥部の SEM 写真を示す。試験後の試験片の欠陥部の表面には腐食生成物が観察されず，試験前の表面状態を保っていた。さらに，欠陥部の EDS 分析を行った結果，試験後の試験片欠陥部には炭素成分が多く検出された。これよりコーティング中に添加した腐食抑制剤である OA が溶出し，欠陥部の皮膜成分となっていることが確認された。

ポリマーの pH 変化による CNF 上の腐食抑制剤の吸脱着挙動を調べるため，ゼータ電位の測定を行った。図 17 に各 pH における CNF のみ，CNF に OA を混合させた場合のゼータ電位を示す。pH が低い場合，両者はほぼ同じ値を示したが，pH が高くなると OA を混合させた方の

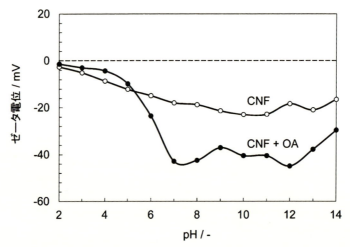

図17 各pHにおけるCNFのみ，CNFにOAを混合させた場合のゼータ電位

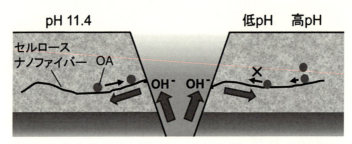

図18 セルロースナノファイバーを用いたコーティングにおいてpHが変化した場合の自己修復メカニズム

ゼータ電位が低くなった。このpHにおいてCNFにOAが吸着していると考えられる。さらにpHを上昇させると12以降でゼータ電位が高くなった。これは，OAがCNFから脱着しているためと考えられる。

以上より，pH調整したポリマーにおける自己修復メカニズムについては図18のように考えられる。試験片に欠陥が生じると腐食によりアノードおよびカソード反応が生じる。このカソード反応によりOH⁻が生成し，これがセルロースナノファイバーに沿ってコーティング内部へ浸透し，コーティング内のpHが上昇させる。この時，ポリマー内のpHが脱着を起こすよりわずかに低いpH (11.4) に調整することで，カソード反応でpHが上昇し，pHが12を超えたときに，腐食抑制剤がセルロースナノファイバーから脱着・拡散することで腐食を抑制したことが明らかとなった。

5.6 まとめ

本稿では疑似血管としてセルロースナノファイバーと腐食抑制剤を用いた金属材料の自己修復

第 2 章　その他の利用と応用展開

性防食コーティングの開発を述べた。現在は，自己修復性防食コーティングの修復剤の溶出プロセスとその制御について研究を進めている。これらの自己修復性能に優れた環境負荷の少ないコーティングを実用化することで，金属材料の腐食による多大な損失を防ぐことが可能となる。本技術は，産業界にとって非常に有用なものとなる。

文　　献

1) A. Yabuki, H. Yamagami, K. Noishiki, *Mater. Corros.*, **58**, 497 (2007)
2) A. Yabuki, W. Urushihara, J. Kinugasa, K. Sugano, *Mater. Corros.*, **62**, 907 (2011)
3) A. Yabuki, M. Sakai, *Corros. Sci.*, **53**, 829 (2011)
4) A. Yabuki, T. Nishisaka, *Corros. Sci.*, **53**, 4118 (2011)
5) A. Yabuki, K. Okumura, *Corros. Sci.*, **59**, 258 (2012)
6) G. S. Frankel, R. L. McCreery, *Interface*, **10**, 34 (2001)
7) 腐食防食協会編，腐食・防食ハンドブック，p.430，丸善 (2000)
8) L. Xia, R. L. McCreery, *J. Electrochem. Soc.*, **145**, 3083 (1998)
9) 須田新，浅利満瀬，材料と環境，**46**, 95 (1997)
10) B. L. Hruley, R. L. McCreery, *J. Electrochem. Soc.*, **150**, B367 (2003)
11) 真島英信，生理学，p.301, p.302, p.311, 文光堂 (1989)
12) A. J. Bard, L. R. Fraulkner, Electrochemical Method, JohnWiley & Sons, p.86 (1980)
13) 逢坂哲弥ほか，電気化学法―基礎測定マニュアル，p.157，講談社 (1989)
14) A. Yabuki, A. Kawashima, I. W. Fathona, *Corros. Sci.*, **85**, 141 (2014)
15) 永山裕起，矢吹彰広，化学工学会 第 14 回学生発表会 宇部大会，O02 (2012)
16) A. Yabuki, T. Shiraiwa, I. W. Fathona, *Corros. Sci.*, **103**, 117 (2016)

セルロースナノファイバー製造・利用の最新動向

2019年1月31日　第1刷発行

監　　修	宇山　浩	(T1104)
発 行 者	辻　賢司	
発 行 所	株式会社シーエムシー出版	

東京都千代田区神田錦町1-17-1
電話 03(3293)7066
大阪市中央区内平野町1-3-12
電話 06(4794)8234
http://www.cmcbooks.co.jp/

編集担当　福井悠也／門脇孝子

〔印刷　尼崎印刷株式会社〕　　　　　　　　　Ⓒ H. Uyama, 2019

本書は高額につき，買切商品です。返品はお断りいたします。
落丁・乱丁本はお取替えいたします。

本書の内容の一部あるいは全部を無断で複写(コピー)することは，法律で認められた場合を除き，著作者および出版社の権利の侵害になります。

ISBN978-4-7813-1404-4　C3058　¥84000E